Elemente der Statik

von

L. Poinsot.

Autorisierte deutsche Ausgabe.

Nach der von Bertrand bearbeiteten zwölften Auflage des französischen Originals

herausgegeben von

Dr. H. Servus.

Mit 4 lithographierten Tafeln.

Springer-Verlag Berlin Heidelberg GmbH 1887

Additional material to this book can be downloaded from http://extras.springer.com
ISBN 978-3-662-32208-6 ISBN 978-3-662-33035-7 (eBook)
DOI 10.1007/978-3-662-33035-7

Vorrede.

Unter den vielen Werken über die Statik giebt es ein Werk, das sich in seiner Form vor allen übrigen ganz besonders auszeichnet, und das in den weitesten Kreisen bekannt zu werden verdient, nämlich: „Elemente der Statik“ von Poinsot.

Nach der Lagrange'schen Begründung der analytischen Mechanik schien ein principieller Fortschritt in dieser Wissenschaft nicht mehr möglich zu sein, da er doch die ganze Statik auf ein einziges Fundamentalprincip reduciert hatte. Poinsot führte nun in die Statik den neuen Begriff Kräftepaar ein, der zwar nicht gerade als eine reale Erweiterung der Mechanik anzusehen ist, der aber doch in der Folge von grosser Bedeutung wurde. In seiner späteren Abhandlung „Neue Theorie der Drehung der Körper“ führte ihn dieser Begriff auf das Centralellipsoid, das bei der Rotation eines Körpers um einen Punkt eine bedeutende Rolle spielt. Im zweiten Abschnitte des ersten Kapitels seiner „Elemente der Statik“ zeigt Poinsot, dass die Zusammensetzung von Kräftepaaren in ganz analoger Weise vor sich geht, wie diejenige der einfachen Kräfte, und auf welche Weise die Verlegung des Angriffsortes der Kräftepaare vorzunehmen ist. In dem vierten Kapitel: Von den Maschinen, wendet Poinsot seine Theorie der Kräftepaare in der Untersuchung der Bedingungen des Gleichgewichts an der Roberval'schen Wage an, für welche bis dahin noch keine richtige Erklärung gegeben war.

Das Werk ist mit grosser Klarheit und Eleganz geschrieben; der grosse mathematische Apparat, den man in anderen Büchern findet, ist völlig vermieden, und nur die allereinfachsten mathematischen Kenntnisse sind vorausgesetzt; fast jeder Primaner ist im Stande, dasselbe zu verstehen, und kein Werk ist zum Selbststudium so gut geeignet wie dieses.

Das Werk erschien zuerst im Jahre 1803, und zwölf Auflagen folgten rasch aufeinander. Von deutschen Uebersetzungen sind mir nur zwei bekannt und zwar von Lambert, nach der vierten Auflage, und von Hartmann, nach der fünften Auflage; die letztere habe ich zum Vergleichen mit meiner Ausgabe benutzt.

Die vorliegende deutsche Uebersetzung ist nach der von Bertrand bearbeiteten zwölften Auflage gemacht, wozu mir der französische Verleger, Herr Gauthier-Villars in Paris, mit ausserordentlicher Liebenswürdigkeit die erforderliche Genehmigung erteilte. Ich bin ihm hierfür zu besonderem Danke verpflichtet.

Möge diese Uebersetzung dazu beitragen, diesem schönen Werke neue Freunde zu erwerben und das Studium der Statik zu fördern.

Charlottenburg, den 24. Dez. 1886.

Dr. H. Servus.

Poinsot.

Louis Poinsot wurde am 3. Januar 1777 zu Paris geboren und starb daselbst am 15. Dezember 1859. Er war Schüler der „École polytechnique" und mit neunzehn Jahren Ingenieur für Strassen- und Brückenbau, vernachlässigte aber dabei seine technischen Studien zu Gunsten der Mathematik und wurde Lehrer an einem Pariser Gymnasium.

Der erste Gegenstand, mit dem er sich eingehend beschäftigte, war die Auflösung algebraischer Gleichungen, wobei er einige sehr wichtige Eigenschaften derselben entdeckte. Als er aber dann fand, dass schon Vandermonde und Lagrange zu denselben Resultaten vor ihm gekommen waren, behielt er die Arbeit zurück, ohne sie je selbst zu veröffentlichen. Ohne Nutzen sollte sein eingehendes Studium über diesen Gegenstand doch nicht für ihn sein. Als im Jahre 1808 die zweite Auflage der „Abhandlung über die Auflösung numerischer Gleichungen" von Lagrange erschien, da war er es, der die Tiefen dieses schönen Werkes sofort begriff und in dem Magasin encyclopédique einen Bericht über dieses Werk gab, bei dem er in mehr als einem Punkte über dasselbe hinausging, so dass Lagrange darüber auf das höchste erstaunt war. Gauss hatte eine Abhandlung über die Binomischen Gleichungen geschrieben, und Lagrange hatte denselben Gegenstand auf noch klarere Weise behandelt. Poinsot zeigt nun, wie die angestellten Betrachtungen beider eine wichtige Verallgemeinerung erfahren können.

Seine „Elemente der Statik", welche im Jahre 1803 erschienen, zogen zum ersten Mal die Aufmerksamkeit aller Mathematiker auf den Namen Poinsot. Er giebt darin eine Theorie der Kräftepaare, die bis dahin noch nicht aufgestellt war. Fourier sagt über dieses Werk: „Dieses Werk hat das Beachtenswerte, dass es neue Principien über einen schon seit den ältesten Zeiten bekannten Gegenstand bringt, den Archimedes gefunden und Galilei vervollkommnet hat." Die Theorie der Kräftepaare bildet die Basis und den originellen Charakter der ganzen Statik Poinsot's. Lagrange hatte die Mechanik in ihren Principien wesentlich gefördert, Laplace aber hat sie durch neu entdeckte Principien nicht bereichert, und dasselbe gilt auch von Poisson. Sie verstanden es wohl, die Gesetze der Mechanik auf höchst elegante Weise für ihre Zwecke zu verwerten, aber neue Principien haben sie nicht hinzugefügt. Erst mit Poinsot findet nach Lagrange ein wesentlicher Fortschritt in der Mechanik statt, indem er sie durch seine Theorie der Kräftepaare bereichert. Es dauerte lange, ehe die Auffassungsweise Poinsot's Anklang fand und erst seine folgende Schrift „Neue Theorie der Drehung der Körper" (Paris 1834) lenkte die Aufmerksamkeit der ganzen gebildeten Welt auf die Anschauungsweise des Verfassers.

Durch Vermittlung von Lagrange wurde Poinsot schon im Alter von 29 Jahren General-Inspector der Universität. Diese neue Stellung begünstigte seine Arbeiten ausserordentlich, und bald erschien eine ausserordentlich wichtige Abhandlung

„Ueber die Polygone und Polyeder", in welcher er auf vier neue reguläre Polyeder geführt wurde, eine Entdeckung, die ihm die höchste Achtung der Geometer verschaffte. Er beschreibt darin ein Icosaeder und drei Dodecaeder. Legendre hatte in seinen „Elementen der Geometrie" bewiesen, dass es nur fünf reguläre Polyeder geben könne und eine grosse Achtung fasste er zu dem jungen Geometer, als ihm diese Entdeckung bekannt wurde, in welcher die wichtigsten Punkte der Theorie der Gleichungen enthalten waren.

Poinsot wurde Mitglied der Akademie der Wissenschaften und Ampère und Cauchy waren seine Konkurrenten. Zu gleicher Zeit war er Lehrer am Polytechnikum und nach dem Urteil aller seiner Schüler ein unübertrefflicher Lehrer, der zwar in seinen Stunden nicht viel, dies aber mit ausserordentlicher Schärfe und Klarheit vortrug. Als ihm im Jahre 1817 Cauchy folgte, konnte man sich keinen grösseren Gegensatz denken. Während jeder Schüler dem Ideengange Poinsot's zu folgen vermochte, war dies nur einigen Auserwählten bei den Vorträgen Cauchy's möglich.

Durch eine königliche Ordre vom 22. September 1824 wurde er seines Amtes als General-Inspektor plötzlich und ohne jede Veranlassung enthoben. „Ohne irgend welche Veranlassung", schreibt er selbst, „enthebt man mich eines Amtes, dessen Inhaber für gewöhnlich als unabsetzbar gehalten wird und von dem man nur vermöge eines Prozesses oder eines Urteilspruches enthoben werden kann; ich bin auf diese Weise meines Titels und meiner erworbenen Rechte beraubt und in dem, was mir am teuersten war, auf's Tiefste verwundet." In einem anderen Briefe an den Herzog von Angoulême sagt er mit gerechtem Stolze: „Mein Benehmen und meine Gesinnungen sind stets untadelhaft gewesen und mein Leben ist ebenso unschuldig als meine Werke."

Nach Delambre's Tode hatte er sich um einen Platz in der königlichen Ratsversammlung beworben, allein Poisson wurde ihm vorgezogen, was Poinsot auf's heftigste kränkte. Die Beziehungen zu Poisson, der sein direkter Vorgesetzter war, waren durchaus keine freundschaftlichen, sondern ihre gemeinsamen Studien brachten sie über alle Punkte in Gegensatz. Poinsot zeigte sich gegen die Regierung weder opponierend noch auch ergeben, er suchte nie die Gunst Jemandes zu erlangen und lobte gern, was ihm lobenswert erschien. Der Feindschaft Poissons schrieb er seine Ungnade beim Könige zu.

Die Werke Poinsot's über die Dynamik fester Körper bilden die Hauptarbeit seines reiferen Alters, in denen die Anschauungen seiner Jugendjahre befestigt werden und reife Früchte tragen. Die Werke, welche die höchste Vollendung sowohl in der Theorie als auch in der mathematischen Form enthalten, sind: „Neue Theorie der Drehung der Körper", „Theorie rollender Kreiskegel" und „Theorie der Aequinoctien." Man glaubte, dass mit den Arbeiten von Euler und Lagrange, das Problem der Drehung eines freien Körpers völlig erschöpft sei; die Einfachheit der Gleichungen liess keinen Fortschritt weiter erwarten, ihre Integration war mit dem besten Erfolge ausgeführt worden. Ohne die Strenge der gefundenen Formeln anzugreifen, erklärt Poinsot doch die daraus gezogenen Folgerungen für illusorisch und zwar in folgenden Worten:

„Euler und d'Alembert haben fast zu gleicher Zeit und mit verschiedenen Methoden dieses wichtige und schwierige Problem der Mechanik zuerst gelöst, und Lagrange hat bekanntlich dieses berühmte Problem von neuem aufgenommen, um es auf seine Weise eingehender zu behandeln und zu entwickeln, nämlich durch eine Reihe von Formeln und analytischen Transformationen, die sich durch ganz besondere Symmetrie auszeichnen. Man muss aber gestehen, dass man bei allen diesen Lösungen nur Rechnungen, aber kein klares Bild von der Drehung der Körper erhält. Man kann wohl durch mehr oder weniger lange und complicierte Rechnungen dahin gelangen, den Ort, an dem der Körper sich nach Ablauf einer gegebenen Zeit befindet, zu bestimmen, aber man sieht keineswegs, wie der Körper dorthin gelangt, man verliert ihn völlig aus dem Gesicht, während man ihn doch beobachten und ihm während des Verlaufes der Drehung mit den Augen folgen will. Ich habe nun versucht, eine klare Idee zur Darstellung der Drehungsbewegung aufzufinden, um das leicht ersichtlich darzustellen, was bisher Niemand dargestellt hat. Es ist wohl möglich, dass sich meine Ideen aus den analytischen Ausdrücken Euler's und Lagrange's mit einem Schein von Leichtigkeit wiederfinden lassen, gleichsam, als ob diese Formeln sie unmittelbar erzeugen müssten. Da nun aber diese Ideen bisher so vielen Geometern, welche diese Formeln auf so viele Arten transformiert haben, entgangen sind, so wird man zugeben müssen, dass diese Analyse sie nicht geben und kaum erwartet werden konnte, dass ein anderer auf einem davon ganz verschiedenen Wege dazu gelangte."

Viel Widerspruch erhob sich gegen seine Theorie, die man nicht zu würdigen verstand. Statt jeder Antwort fuhr Poinsot in seinen Arbeiten fort und gab in seiner „Theorie der rollenden Kegel" ein geometrisches Bild der Präcession der Aequinoctien, die er als durch klar definierte und von allen Störungen freie Kräfte erzeugt, annahm; denn die Störungen beeinträchtigen die Klarheit und sind in den Augen Poinsot's nur Zufälligkeiten, die dem Phänomen selbst völlig fremd sind.

In seine Lebenszeit fielen die grössten Entdeckungen des Jahrhunderts: die Theorie der Lichtwellen, der Polarisation, der dynamischen Elektricität, die mathematische Wärmetheorie, die Elasticitätstheorie, die Untersuchungen über die imaginären und doppelt periodischen Funktionen, aber sie alle waren nicht im Stande, seine Aufmerksamkeit auch nur einen Tag lang zu fesseln; selbst Lamé, für den er grosse Achtung hegte, vermochte nicht, ihm Interesse für die Principien jener Theorien einzuflössen. Er sagte nur darauf: „Sie reden alle von schiefen Druckkräften und dies ist nicht richtig, jede Druckkraft ist normal zur Oberfläche des Körpers, auf den sie wirkt."

Trotzdem Poinsot seine Laufbahn bei dem Brückenbauamt aufgegeben hatte, beschäftigte er sich doch noch mit dahin gehörigen Arbeiten und erteilte manchen guten Rat.

Mathieu sagt in seiner Leichenrede über Poinsot: „Sein überlegener und besonders philosophischer Geist brachte Licht in die abstractesten Gegenstände und machte sie allen vermöge einer einfachen und fast geometrischen Auseinandersetzung zugänglich."

Alle Arbeiten Poinsot's zeichnen sich durch die elegante Art der Darstellung aus, und durch alle geht das Bestreben, eine anschauliche Gestaltung der Grundbegriffe der Mechanik zu geben. Bertrand sagt über seine Arbeiten: „Jeder Satz wurde mit derselben Sorgfalt gearbeitet, jedes Wort mit demselben Skrupel abgewogen, jede Wendung nach sorgfältigster Ueberlegung angenommen, gerade so, als wenn es sich um eine Inschrift auf einen Stein handelte."

Dr. H. Servus.

Inhalt.

Kapitel III. Von den Schwerpunkten.

Kapitel IV. Von den Maschinen.

Einleitung.

I.

1. Die Idee, welche wir uns von den Körpern bilden, macht nicht die Bewegung als eine Bedingung zu ihrer Existenz notwendig. Obgleich es nun vielleicht im ganzen Weltall kein einziges Molekül giebt, von dem man sagen könnte, dass es in absoluter Ruhe, selbst in einer begrenzten sehr kurzen Zeit, beharre, so kann man doch nichts desto weniger annehmen, dass ein Körper im Ruhezustande sein könne.

Wenn aber dieser Körper einmal in Ruhe ist, so verharrt er darin beständig, wenn nicht eine fremde Kraft bestrebt ist, diesen Zustand zu stören; denn da die Bewegung nur in einer bestimmten Richtung stattfinden kann, so ist kein Grund vorhanden, dass der Körper sich nach einer Richtung mehr bewegen soll als nach jeder anderen, und er wird sich folglich überhaupt nicht bewegen. Wenn also ein Körper, der in Ruhe ist, sich zu bewegen anfängt, so ist dies nur die Folge einer fremden Kraft, die auf ihn einwirkt. Diese Ursache, mag sie beschaffen sein wie sie will, und die wir nur durch ihre Wirkungen erkennen, nennen wir **Kraft.**

Unter **Kraft** versteht man also eine beliebige Ursache, die im Stande ist, einem ruhenden Körper eine Bewegung zu erteilen.

II.

2. Wenn man die Kraft selbst auch nicht kennt, so sieht man doch leicht ein, dass sie in einer gewissen Richtung und mit einer gewissen Intensität wirken wird.

Die Idee der Richtung und Intensität einer Kraft ist uns fast angeboren. Das Gefühl der Schwere, welche uns beständig von derselben Seite angreift, der Anblick eines fallenden oder an einem Faden aufgehängten Körpers, der Unterschied der Gewichte, den wir mit der Hand wahrnehmen, und eine grosse Menge anderer ebenso einfacher Phänomene, geben uns eine Idee von der Richtung und Intensität der Kraft, die ebenso unangreifbar ist, wie die unserer Existenz.

Wir können also als evident ansehen, dass jede Kraft in dem Punkte, an welchem sie angebracht ist, nach einer gewissen Richtung und mit einer gewissen Intensität wirkt.

III.

3. Denken wir uns nun die Richtungen der Kräfte durch gerade Linien, und ihre Intensitäten durch auf diesen Linien angenommene proportionale Längen oder durch Zahlen dargestellt, so ist klar, dass die Kräfte ebenso der Rechnung unterworfen werden können wie alle anderen Grössen, und daraus resultiert jenes allgemeine Problem, dessen Lösung Gegenstand der Mechanik ist:

Es soll die Bewegung eines Körpers oder eines Systems von Körpern gefunden werden, wenn der Körper oder das System von Körpern durch gewisse gegebene Kräfte angegriffen wird.

Die Umkehrung lautet: Welches müssen die zwischen den Kräften, welche auf ein System wirken, bestehenden Relationen sein, damit dasselbe im Raume eine gegebene Bewegung erhalte?

Dies ist im Grunde genommen dieselbe Aufgabe, wie die vorhergehende.

4. Um dieses allgemeine Problem zu lösen, beginnt man mit der Lösung des besonderen Falles, bei dem man nach den zwischen den Kräften bestehenden Relationen fragt, wenn die Bewegung des Systems, auf welches sie wirken, gleich Null sein soll, d. h. wenn das System im Gleichgewicht bleiben soll. Hat man einmal dieses Problem gelöst, so kann man das andere leicht darauf zurückführen. Aus diesem Grunde lässt man dem Studium der Mechanik dasjenige der Statik vorausgehen, und definiert die Statik als die Wissenschaft vom Gleichgewicht der Kräfte.

Der zweite Teil der Mechanik behandelt dann alle Aufgaben, die sich auf die Bewegung der Körper beziehen, und heisst die Dynamik oder die Wissenschaft von der Bewegung der Körper. Wir wollen uns aber im Folgenden nur mit der Wissenschaft vom Gleichgewicht beschäftigen.

IV.

5. Man beachte zuerst, dass es in der Statik nicht notwendig ist, die wirkliche Wirkung der Kräfte auf die Materie zu kennen, d. h. die verschiedenen Bewegungen zu kennen, die von ihnen erzeugt werden können, wenn man ihre Intensitäten und Richtungen in Betracht zieht, sondern dass es schon genügt die Kräfte als einfache homogene, mit einander vergleichbare Grössen anzusehen, und die Verhältnisse, welche zwischen ihnen bestehen müssen, so zu bestimmen, dass sie sich gegenseitig aufheben. Wenn man dann von der Theorie des Gleichgewichts zu derjenigen der Bewegung übergehen will, so bedarf man neuer Principien zur Bestimmung der Kräfte; denn berechnet man nur ihre Wirkungen, so muss man sie darauf beziehen können: so z. B. muss man schätzen können, ob eine doppelte Kraft bei demselben Körper eine doppelte Geschwindigkeit erzeugt, oder ob dieselbe

Kraft, wenn man sie an einem Körper von doppelter Masse anbringt, eine Geschwindigkeit erzeugt, die nur halb so gross ist, etc. Hier aber werden, mag die Wirkung der Kräfte auf die Körper sein wie sie will, und mögen die Kräfte den erzeugten Wirkungen proportional sein oder nicht, die Wahrheiten, die wir auseinandersetzen wollen, nicht weniger Geltung haben, weil diese Wahrheiten nur aus der wirklichen Gegenwart mehrerer Kräfte herrühren, die zu keiner Wirkung kommen, sondern sich offenbar zerstören. Der Gleichgewichtszustand der Körper ist also als ein besonderer Moment der Bewegung anzusehen, bei dem das Mass der Kräfte durch ihre Wirkungen, ja ihre Wirkungen selbst verschwunden sind.

6. Streng genommen ist es einerlei, ob ein Körper sich im Gleichgewichtszustande befindet, oder ob er in Ruhe ist; denn ist die Wirkung der Kräfte für immer vernichtet, oder heben sich Kräfte, die sich unaufhörlich erneuern, in jedem Augenblick auf, so vermag jeder im Gleichgewichtszustande sich befindende Körper in Folge einer gewissen gegebenen Kraft sich zu bewegen, genau so als wenn er sich in Folge derselben Kraft bewegt haben würde, wenn er in Ruhe gewesen wäre. Indessen kann man den Gleichgewichtszustand von dem der Ruhe darin unterscheiden, dass in dem zweiten Falle der Körper durch keine Kraft angegriffen wird, während er in dem anderen durch Kräfte angegriffen wird, die sich gegenseitig aufheben.

Diese Unterscheidung, die bei dem strengen Zustand der Dinge hinfällig ist, wird bei den Gleichgewichtszuständen, welche die Natur uns darbietet, merklich. Fast kein Körper ist genau genommen im Gleichgewicht, und wenn er uns in dieser Lage erscheint, so existiert nichts destoweniger zwischen den Kräften, die auf ihn wirken, ein beständiger Kampf, vermöge dessen er unendlich wenig oscilliert, und vermöge dessen er beständig in eine einzige Lage zurückgebracht wird, die er beständig wieder verlässt. Bei der mathematischen Lösung der Probleme muss man aber einen Körper, der im Gleichgewicht sich befindet, so ansehen, als ob er in Ruhe wäre; umgekehrt: Wenn ein Körper in Ruhe ist oder durch beliebige Kräfte angegriffen wird, so kann man sich an ihm beliebige neue Kräfte angebracht denken, die sich selbst im Gleichgewicht halten und den Zustand des Körpers dadurch nicht ändern.

Man wird bald zahlreiche Anwendungen von dieser Bemerkung kennen lernen.

V.

7. Nachdem wir diese Bestimmungen einmal getroffen haben, wollen wir sehen, wie man bei der Untersuchung der Bedingungen des Gleichgewichts für ein beliebiges System von Körpern verfahren kann. Das System

sei von unveränderlicher Gestalt und werde durch beliebige Kräfte P, Q, R, S,... angegriffen, die an gegebenen Punkten a, b, c, d,... des Systems angebracht sind.

Man wird zuerst annehmen, dass alle Körper von der Schwere nicht behaftet sind, d. h. dass sie so beschaffen sind, als ob sie allein im Raum existierten. Dann braucht man nur die Wirkungen der Kräfte P, Q, R, S,... allein zu betrachten, die sich für den Fall des Gleichgewichts gegenseitig selbst das Gleichgewicht halten müssen.

Man sieht dann leicht, dass es hinreichend ist, die Bedingungen des Gleichgewichts für das einfache System der Angriffspunkte a, b, c, d,... aufzustellen; die Angriffspunkte hat man sich dann so vereinigt zu denken, dass sie auf eine unveränderliche Weise unter sich verbunden sind.

Bezeichnet man in der That mit a', b', c', d',... dieselben Punkte a, b, c, d,... des Systems, betrachtet dieselben aber nur als Punkte, die durch gerade, starre und unausdehnbare Linien mit einander verbunden sind, und nimmt man noch an, dass die Kräfte P, Q, R, S,... sie im Gleichgewicht halten, so ist klar, dass dieselben Kräfte P, Q, R, S,... auch das System im Gleichgewicht erhalten werden; denn man könnte sich denken, dass das System so auf die Punkte a', b', c', d',... gelegt ist, dass die Punkte a, b, c, d,... mit ihnen zusammenfallen. Lässt man dann das System in dieser Lage in Ruhe, so wird das Gleichgewicht der Punkte a', b', c', d',... nicht gestört werden. Es ist aber klar, dass das Gleichgewicht auch noch bestehen würde, wenn man sich, anstatt die Punkte a und a', b und b', c und c',... aufeinander fallen zu lassen, dieselben auf eine unabänderliche Weise verbunden denkt, so dass a sich nicht von a', b sich nicht von b', c von c', etc. trennen kann. Daraus folgt, dass die Bedingungen des Gleichgewichts zwischen den Kräften P, Q, R, S,..., die an einem beliebigen Systeme von Körpern angebracht sind, dieselben Bedingungen sind wie diejenigen, welche zwischen denselben Kräften P, Q, R, S,... stattfinden würden, wenn man sie sich an dem einfachen Systeme der Angriffspunkte a, b, c, d,... angebracht denkt, die auf eine unveränderliche Weise unter einander verbunden sind.

Wenn man also die Relationen zwischen gewissen Kräften, die sich an einem beliebigen festen System das Gleichgewicht halten, finden will, so wird man von allen Körpern des Systems absehen können, und man wird annehmen, dass nur die Angriffspunkte a, b, c, d,... übrig bleiben, die so untereinander verbunden sind, dass sich ihre gegenseitigen Entfernungen nicht ändern können.

Diesen Betrachtungen gemäss entlastet man das Problem sowohl vom Gewicht als vom Volumen der Körper, und vereinfacht die Aufgabe dadurch ganz beträchtlich.

Später werden wir den Körpern ihre Schwere wiedergeben und ihre respectiven Gewichte so in Betracht ziehen wie neue Kräfte, die man mit den anderen zu combiniren hat, damit Gleichgewicht stattfinden kann. Auf diese Weise werden wir die Resultate der Statik auf das Gleichgewicht aller schweren, physischen oder natürlichen Körper anwenden können.

VI.

Da nun jetzt bei dem Gleichgewicht der Kräfte nur noch ihre Intensitäten, ihre Richtungen und ihre Angriffspunkte in Betracht gezogen zu werden brauchen, so ist klar, dass die Bedingungen des Gleichgewichts nichts anderes als die wechselseitigen Relationen sind, welche zwischen diesen drei Dingen bestehen müssen, wenn Gleichgewicht im System stattfinden soll. Schon jetzt kann man es einsehen und wird es in der Folge noch kennen lernen, dass diese Relationen durch Gleichungen ausgedrückt werden können, in welche man unmittelbar die Intensitäten der Kräfte und ihre Richtungen mit Hilfe der Winkel hineinbringt, welche sie mit festen Geraden im Raume bilden, und ebenso ihre Angriffspunkte vermittelst der Coordinaten, welche ihre respectiven Lagen bestimmen.

Auf diese Weise kann man sich eine Idee von dem Probleme der Statik machen, und den Stand der ganzen Aufgabe sich vergegenwärtigen. Man wird aber bemerkt haben, dass es sich in allem, was wir bisher gesagt haben, immer nur um einen im Raume freien Körper handelte, während man doch leicht einsieht, dass ein Körper auch gewissen Bedingungen unterworfen sein kann. So kann er der Bedingung unterworfen werden, dass er sich um einen festen Punkt oder um eine feste Axe drehen soll, oder dass er beständig auf einer festen Oberfläche verbleiben soll, oder er kann irgend einer anderen Bedingung unterworfen sein. Man wird aber in der Folge sehen, dass die Widerstände, welche ein Körper durch alle jene fremden Bedingungen erleidet, durch passende Kräfte ersetzt werden können. Hat man dann für die Widerstände passende Kräfte substituiert, so kann der Körper auch wiederum als ein im Raum freier betrachtet werden; es wäre also ganz unnütz, wenn man die Aufgabe schon gleich im Anfang zu einer complicierten machen wollte.

VII.

9. Um nun den Weg zu finden, auf dem man zu den Gleichgewichtsbedingungen gelangt, betrachtet man einen Körper oder ein System von Körpern, welches durch die beliebigen Kräfte P, Q, R, S,... im Gleich-

gewicht erhalten wird, wobei die Richtungen der Kräfte nach Belieben angenommen werden können.

Da alle diese Kräfte sich das Gleichgewicht halten, so sieht man, dass eine beliebige derselben, z. B. P, allein der Wirkung aller anderen Q, R, S,... entgegenwirkt, so dass die Wirkung dieser letzteren dieselbe ist wie die einer einzigen Kraft, die gleich und entgegengesetzt mit der Kraft P ist.

Dies findet in der That statt, und man kann es leicht mit Hilfe der vorhergehenden Bemerkung (6) und des Grundsatzes, dass zwei gleiche und entgegengesetzte Kräfte sich im Gleichgewicht halten, beweisen (12).

Dazu wollen wir annehmen, dass an dem Systeme eine Kraft P', die gleich und entgegengesetzt mit der Kraft P ist, angebracht sei. Da nun die Kräfte P und P' im Gleichgewicht sind, so ist ihre Wirkung von selbst Null, und der Körper ist folglich nur noch der Wirkung der Kräfte Q, R, S,... unterworfen. Da aber andererseits die Kraft P den Kräften Q, R, S,... das Gleichgewicht hält, so ist ihre Wirkung ebenfalls von selbst Null, und der Körper ist also nur der einfachen Kraft P' unterworfen. Der Zustand des Körpers ist also genau derselbe, mag derselbe durch die Kräfte Q, R, S,..., oder durch die einzige Kraft P' angegriffen werden, wenn die letztere gleich und entgegengesetzt derjenigen ist, welche ihnen das Gleichgewicht hält.

Da es also vorkommen kann, dass eine einzige Kraft im Stande ist auf einen Körper dieselbe Wirkung zu erzeugen wie mehrere Kräfte, so muss es unsere erste Sorge sein, die angebrachten Kräfte auf die kleinst mögliche Zahl zu reducieren und besonders das Gesetz dieser Reduction zu beachten. Dann werden sich die Bedingungen des Gleichgewichts zwischen allen diesen Kräften auf die Bedingungen des Gleichgewichts zwischen den reducierten Kräften, die mit den ersteren gleichwertig sind, zurückführen lassen und sie werden deshalb auch leichter auszudrücken sein.

10. Diese Kraft, welche im Stande ist auf einen Körper dieselbe Wirkung zu äussern wie mehrere andere combinierte Kräfte, und die allein dafür gesetzt werden kann, heisst ihre Resultante. Erinnert man sich dessen, was wir weiter oben gesagt haben, so sieht man, dass, wenn mehrere Kräfte sich an einem Körper im Gleichgewicht halten, die eine von ihnen gleich und direct entgegengesetzt der Resultante aller anderen Kräfte ist.

Die anderen Kräfte in Hinsicht auf die Resultante heissen Componenten. Das Gesetz, nach dem man die Resultante mehrerer Kräfte findet, wird das Gesetz von der Zusammensetzung der Kräfte genannt. Dasselbe Gesetz (aber in umgekehrter Ordnung), nach welchem man für eine einzige Kraft mehrere Kräfte setzen kann, welche dieselbe Wirkung hervorbringen, und von denen die erstere die Resultante ist, heisst das Gesetz von der Zerlegung der Kräfte.

Wir werden mit diesen beiden Untersuchungen beginnen, die im Grunde genommen nur eine einzige bilden, nämlich diejenige des Gesetzes, durch welches die Resultante mit ihren Componenten verbunden ist.

11. Um uns kürzer auszudrücken, bezeichnen wir oft als parallele Kräfte solche Kräfte, deren Richtungen parallel sind, als convergierende Kräfte solche, deren Richtungen convergieren, etc.

Wir werden gewöhnlich die Kräfte mit den Buchstaben $P, Q, R, S, \ldots$ bezeichnen, die wir auf die Linien setzen, welche ihre Richtungen darstellen, und wenn ein Buchstabe, z. B. A, den Angriffspunkt einer Kraft P bezeichnet, so wollen wir immer annehmen, dass die Wirkung dieser Kraft von A aus nach dem Buchstaben P zu gerichtet sei, oder dass die Kraft von A auf P zu wirke.

Wenn man auf der Richtung dieser Kraft vom Punkte A aus eine begrenzte Strecke AB abträgt, welche die Grösse der Kraft vorstellen soll, so setzt man auch voraus, dass diese Linie nach der Seite hin abgetragen wird, nach welcher hin der Angriffspunkt A sich zu bewegen strebt. Wenn man also von einer Kraft einfach sagt, dass sie der Grösse und Richtung nach durch eine gewisse Linie dargestellt wird, die vom Angriffspunkte ausgeht, so muss man darunter verstehen, dass die Kraft diesen Punkt gegen das Ende der Linie, welche die Kraft darstellt, hinzieht.

Man könnte auch die entgegengesetzte Hypothese annehmen, d. h. voraussetzen, dass die durch die Linie AB dargestellte Kraft den Angriffspunkt A von dem Ende B der Linie, welche die Kraft darstellt, forttreibt; denn es handelt sich hier nur um eine einfache Uebereinkunft, deren man Herr ist, und man könnte unabhängig die eine oder die andere Hypothese machen. Ist sie aber einmal gemacht, so muss man Sorge tragen auch in der Figur ihr für alle Kräfte, die man betrachtet, gerecht zu werden, damit man jeder von ihnen den Sinn giebt, welchen sie haben muss, und damit man dem Theorem seine ganze Genauigkeit zu erteilen vermag.

Kapitel I.

Von den Principien.

Abschnitt I.

Von der Zusammensetzung und Zerlegung der Kräfte.

Grundsätze, vorbereitende Zusätze.

12. Es ist offenbar, dass zwei gleiche und entgegengesetzte an demselben Punkt angebrachte Kräfte im Gleichgewicht sind.

Bringt man zwei gleiche und entgegengesetzte Kräfte an den Enden einer geraden Linie an, und betrachtet diese Linie als einen Stab von unveränderlicher Länge, so sind die Kräfte, die in der Richtung dieser geraden Linie wirken, im Gleichgewicht; denn es ist kein Grund vorhanden, warum die Bewegung auf der einen Seite eher entstehen sollte als auf der anderen.

Folgerung.

13. Daraus kann man leicht schliessen, dass die Wirkung einer Kraft, welche einen Körper angreift, in keinem Punkte ihrer Richtung geändert werden kann, wenn man sie sich in einem der Punkte angebracht denkt, vorausgesetzt, dass dieser Punkt ein Punkt des Körpers selbst ist, oder, wenn er sich ausserhalb desselben befindet, unveränderlich mit demselben verbunden ist.

Es sei P (Fig. 1) eine beliebige Kraft, die an dem Punkte A eines Körpers oder eines Systems angebracht ist; nimmt man auf der Richtung dieser Kraft einen anderen Punkt B an, der mit dem Systeme unveränderlich verbunden ist, so dass die Länge AB immer constant bleibt, und bringt man in dem Punkte B zwei Kräfte P', $-P'$ an, die unter sich gleich und auch gleich der Kraft P sind, und die in der Richtung AB wirken, so wird der Punkt A noch auf dieselbe Weise angegriffen werden wie vorher, da die Wirkung der beiden Kräfte P' und $-P'$ von selbst Null ist. Betrachtet man aber die Kraft P und die ihr gleiche und entgegengesetzte in B angebrachte $-P'$, so ist klar, dass ihre Wirkung ebenfalls gleich Null ist. Man kann sie also unterdrücken, und es bleibt folglich nur die Kraft P' übrig, die nichts anderes ist als die Kraft P, nur dass sie in dem Punkte B ihrer Richtung angebracht ist. Der Punkt A ist also stets auf dieselbe Weise angegriffen worden.

Man kann also eine Kraft an einem beliebigen Punkte ihrer Richtung anbringen, wenn dieser Punkt mit dem Angriffspunkte durch eine gerade, starre und unausdehnbare Linie verbunden ist.

Bemerkung.

Wenn wir in der Folge die Angriffspnnkte der Kräfte verändern, so werden wir nicht immer wiederholen, dass die neuen Angriffspunkte mit den alten unveränderlich verbunden sein müssen, sondern wir setzen dies dann stillschweigend voraus.

Zusatz.

14. Wenn zwei Kräfte P und Q (Fig. 2) an demselben Punkte A unter einem beliebigen Winkel angebracht sind, so sieht man leicht ein, dass eine dritte Kraft R, wenn sie an dem Punkte A passend angebracht wird, jenen beiden Kräften P und Q das Gleichgewicht halten kann; denn in Folge der vereinten Wirkungen der beiden Kräfte P und Q strebt der Punkt A den Ort, an dem er sich befindet, zu verlassen, er kann aber nur nach der einen Seite ausweichen und wird folglich, wenn man eine passende Kraft im entgegengesetzten Sinne anbringt, im Gleichgewicht bleiben.

Da die drei Kräfte P, Q, R, um den Punkt A im Gleichgewicht sind, so ist folglich die Kraft R gleich und direct entgegengesetzt der Resultante der beiden anderen (10): die beiden convergierenden Kräfte P und Q haben also eine Resultante.

Zweitens ist es klar, dass diese Resultante in der Ebene der Richtungen AP, AQ (Fig. 3) liegen muss; denn es ist kein Grund dafür vorhanden, dass sie eher über der Ebene eine gewisse Lage haben sollte als die vollständig symmetrische Lage unter derselben.

Ferner muss sich ihre Richtung innerhalb des Winkels PAQ befinden, den die beiden Kräfte mit einander bilden; denn es ist klar, dass der Punkt A sich nicht in dem Teil der Ebene bewegen kann, der sich oberhalb AQ nach D zu, befindet, ebenso kann er sich nicht oberhalb AP nach B zu bewegen, so dass er sich folglich nur im Winkel PAQ bewegen kann. Die Resultante muss innerhalb der Schenkel dieses Winkels liegen.

Bemerkung.

15. Es giebt nur einen einzigen Fall, wo man a priori sehen kann, welches die Richtung der Resultante ist: es ist der Fall, wo die beiden Kräfte P und Q einander gleich sind. Es ist klar, dass dann die Resultante den Winkel, den sie mit einander bilden, in zwei gleiche Teile teilt, denn es ist kein Grund vorhanden, dass die Resultante mit einer der Componenten einen kleineren Winkel bilden sollte als mit der anderen.

Fundamental — Grundsatz.

16. Wenn zwei Kräfte P und Q in derselben Richtung und in demselben Sinne wirken, so ist klar, dass diese Kräfte sich addieren und eine Resultante haben müssen, die gleich der Summe $(P + Q)$ ist.

Bemerkung.

Dieser Grundsatz ist die Grundlage der ganzen Lehre vom Gleichgewicht. Man kann ihn, wenn man will, ansehen als eine Art Definition oder Forderung für die man keinen Beweis zu geben braucht; denn sie ist in der Idee der Kraft als einer Grösse enthalten und als eine solche ist sie einer Vermehrung oder Verminderung fähig. Und in der That, welche Idee könnte man sich wohl von einer Kraft machen, die das Doppelte oder Dreifache einer anderen sein soll, wenn man diese Kraft nicht als die Summe zweier oder dreier einander gleichen Kräfte ansehen könnte, die den Punkt zu gleicher Zeit in demselben Sinne ziehen? Dies ist natürlich in allem Vorhergehenden mit darunter verstanden. Dies Postulat ist übrigens das einzige, welches die Wissenschaft erfordert, sonst sind die Theoreme der rationellen Statik im Grunde genommen nur Theoreme der Geometrie.

Folgerung.

Aus dem vorhergehenden Grundsatz kann man schliessen, dass, wenn man beliebig viele Kräfte successive zwei und zwei zusammensetzt, die Resultante aller Kräfte, welche in derselben Richtung und in demselben Sinne wirken, gleich der Summe aller Kräfte ist, und dass ihre Richtung gleich der gemeinsamen Richtung der Kräfte ist.

Wenn zwei ungleiche Kräfte P und Q in derselben Richtung aber im entgegengesetzten Sinne wirken, so ist ihre Resultante gleich der Differenz $(P - Q)$ der Kräfte, und ihre Richtung fällt in die der grösseren von beiden Kräften; denn man kann unter der grösseren, z. B. P, eine Kraft verstehen, die gleich und entgegengesetzt mit Q ist und dieselbe aufhebt. Man kann jene beiden Kräfte unterdrücken, und der Punkt wird dann also von der Differenz $(P - Q)$ der beiden Kräfte P und Q gezogen.

Daraus ergiebt sich der allgemeine Satz: Die Resultante beliebig vieler Kräfte, welche in derselben Richtung wirken, ist gleich dem Ueberschuss der Summe aller derer, die in dem einen Sinne wirken über die Summe derer, welche im entgegengesetzten Sinne wirken, und diese Resultante wirkt stets in der Richtung der grösseren der beiden Summen.

Bemerkung.

18. Dies sind einige der elementarsten Lehrsätze, deren Wahrheit man a priori und fast auf den ersten Blick einsieht. Der einfachste Fall von der Zusammensetzung der Kräfte, und zu gleicher Zeit derjenige Fall, wo man die Resultante unmittelbar erkennt, ist offenbar der Fall, wo die Kräfte in derselben Richtung wirken. Wir werden deshalb die Zusammensetzung der Kräfte mit jenen beginnen, die sich unmittelbar hierauf zurückführen lassen.

Zusammensetzung von Kräften, die in parallelen Richtungen wirken.

Lehrsatz I.

19. Wenn zwei beliebige Kräfte P und Q (Fig. 4), die parallel und in demselben Sinne gerichtet sind, an den Enden A und B einer festen geraden Linie AB angebracht sind, so:

haben 1) diese beiden Kräfte eine Resultante, welche an einem Punkte auf der geraden Linie AB, welcher zwischen den beiden Punkten A und B liegt, angebracht werden muss;

ist 2) diese Kraft parallel mit den Componenten P und Q und ist gleich der Summe derselben.

1) Man bringe nach Belieben an den beiden Punkten A und B zwei gleiche und entgegengesetzte Kräfte M und N an, die aber in der Richtung AB wirken sollen. Die Wirkung dieser beiden Kräfte wird Null sein, und die Wirkung der beiden Kräfte P und Q wird folglich nicht geändert werden: die beiden Kräfte M und P aber, die in A angebracht sind, haben eine in A angebrachte Resultante S, deren Richtung innerhalb des Winkels MAP (14) liegt. Die beiden Kräfte N und Q ferner haben eine in B angebrachte Resultante T, die im Winkel NBQ liegt. Man nehme nun an, dass man die beiden Resultanten in dem Punkte D angebracht habe, in welchem ihre Richtungen sich notwendig schneiden müssen. Die Resultante der beiden Kräfte S und T wird absolut dieselbe sein wie diejenige der Kräfte P und Q. Bringt man diese nun in D an, so dass ihre Richtung im Winkel ADB liegt, so wird sie durch einen gewissen Punkt C zwischen A und B gehen, an welchem man sie sich angebracht denken kann.

2) Um nun zu beweisen, dass diese Resultante parallel den Kräften P und Q und gleich der Summe derselben ist, denken wir uns die Kraft S im Punkte D wieder in zwei Componenten M' und P' zerlegt, die völlig

gleich und parallel mit M und P sind. Ferner denke man sich auch die Kraft T in zwei Componenten N' und Q' zerlegt, die völlig gleich und parallel mit N und Q sind. Die beiden Kräfte M' und N werden gleich sein, sie werden ferner direct entgegengesetzt sein, da sie, an demselben Punkte D angebracht, derselben Geraden MN parallel sind: ihre Wirkung wird folglich Null sein. Es bleiben also nur die beiden Kräfte P' und Q' übrig, die respective parallel mit den Kräften P und Q sind. Da nun diese beiden Kräfte dieselbe Richtung haben, so werden sie sich zu einer einzigen R zusammensetzen, die gleich der Summe $(P' + Q')$ oder $(P + Q)$ ist. q. e. d.

Folgerung I.

20. Wenn die beiden Kräfte P und Q (Fig. 5) einander gleich sind, so wird der Angriffspunkt C der Resultante der Mittelpunkt der Linie AB sein. Nehmen wir in der That an, dass die beiden Kräfte M und N, über die man Herr ist, gleich den Kräften P und Q seien, dann wird die Resultante S der beiden gleichen Kräfte M und P den Winkel MAP halbieren (15), und da DC parallel mit AP ist, so wird das Dreieck BCD ein gleichschenkliges sein. Aus einem ähnlichen Grunde wird auch das Dreieck BCD ein gleichschenkliges sein und man erhält die Gleichungen $AC = CD$ und $CD = CB$, daraus folgt sofort $AC = CB$.

Folgerung II.

21. Es folgt daraus, dass die Resultante beliebig vieler Kräfte, die je zwei und zwei einander gleich sind, und die in gleichen Entfernungen vom Mittelpunkt derselben Geraden symmetrisch angebracht sind, gleich der Summe aller dieser Kräfte ist, ihnen parallel ist und durch den Mittelpunkt der Geraden geht. Denn combiniert man nach einander je zwei und zwei der gleichen Kräfte, die in gleichen Entfernungen auf beiden Seiten vom Mittelpunkt der geraden Linie liegen, so werden alle ihre entsprechenden Resultanten durch diesen Punkt gehen und sich addieren, da sie denselben Sinn und dieselbe Richtung haben.

22. Umgekehrt könnte man auch jede Kraft P, die an einer Linie angebracht ist, in beliebig viele parallele Kräfte zerlegen, die an verschiedenen Punkten dieser Linie angebracht werden. Dabei muss vorausgesetzt werden, dass diese Kräfte je zwei und zwei gleich sind, dass sie in gleichen Entfernungen vom Angriffspunkte der Kraft P sich befinden, und dass ihre Summe gleich dieser Kraft P ist.

Lehrsatz II.

23. Der Angriffspunkt C (Fig. 6) der Resultante zweier parallelen Kräfte P und Q, die an den Enden A und B einer unbiegsamen Geraden AB wirken, teilt diese Gerade im umgekehrten Verhältnis von P zu Q, so dass man hat $P : Q = BC : AB$.

Wir wollen zuerst annehmen, dass die Kräfte P und Q commensurabel seien, d. h. dass sie sich wie zwei ganze Zahlen m und n zu einander verhalten.

Wir wollen AB im Punkte H in zwei Teile teilen, die den beiden Kräften P und Q direct proportional sind, so dass man hat

$$AH : BH = P : Q$$

und folglich: $AH : BH = m : n$. Auf der Verlängerung der unbiegsamen Linie AB nehmen wir $AG = AH$ und $BK = BH$ an. Der Punkt A wird dann die Mitte von GH und der Punkt B die Mitte von HK sein.

Da die Kräfte P und Q sich zu einander wie die Linien AH und BH verhalten, so werden sie sich bei unserer Voraussetzung auch wie das doppelte dieser Linien, d. h. wie GH und HK verhalten. Da nun nach unserer Annahme AH, m Einheiten und BH, n Einheiten enthält, so wird GH, $2m$ und HK, $2n$ Einheiten enthalten. Nun kann man die Kraft P in $2m$ gleiche und parallele Kräfte zerlegen, die an den $2m$ Mittelpunkten der Mass-Einheiten der Linie GH angebracht werden (22); die Kraft Q kann man in $2n$ parallele Kräfte zerlegen, die sowohl unter sich als den ersteren gleich sind, und die an den $2n$ Mittelpunkten der Mass-Einheiten von HK angebracht werden. Alle diese gleichen Kräfte werden sich nun je zwei und zwei in gleichen Entfernungen vom Mittelpunkte C der ganzen Linie GK befinden, und ihre allgemeine Resultante, welche auch diejenige der beiden Kräfte P und Q ist, wird notwendig durch den Mittelpunkt der Linie GK gehen.

Da aber $GC = AC$ ist, so erhält man, wenn man den gemeinsamen Teil AC abzieht,

$$BC = AG = AH,$$

addiert man ferner beiderseits CH, so erhält man

$$AC = BH.$$

Da nun aber $P : Q = AH : BH$ ist, so erhält man

$$P : Q = BC : AC.$$

Wir wollen zweitens annehmen, dass die beiden Kräfte P und Q incommensurabel seien.

Ich bemerke zuerst, dass, wenn die Resultante zweier beliebigen Kräfte P und Q (Fig. 7), die in den Punkten A und B angebracht sind, in C fällt, die Resultante der Kraft P und einer Kraft $(Q + J) > Q$ zwischen die Punkte C und B fallen wird, d. h. dass der Angriffspunkt der Resultante sich dem Angriffspunkt derjenigen Componente nähern wird, welche vergrössert wird. Um in der That die Resultante der beiden Componenten P und $(Q + J)$ zu finden, kann man zuerst die Resultante R von P und Q nehmen, die nach der Annahme durch den Punkt C geht, und dann diejenige von R und J, deren Angriffspunkt zwischen C und B liegen wird (19).

Wenn die Resultante der beiden incommensurablen Kräfte P und Q (Fig. 8) nicht durch den Punkt C geht, für den die Bedingung $P : Q = BC : AC$ gilt, so wird sie durch einen anderen Punkt zwischen A und C oder zwischen C und B gehen.

Wir wollen annehmen, dass sie durch den Punkt G zwischen A und C gehe. Teilt man die Linie AB in Teile, die alle kleiner als GC sind, so wird es wenigstens einen Teilpunkt zwischen C und G geben. Dieser Punkt sei J; die Linien AJ und BJ werden incommensurabel sein, und der Punkt J wird als der Angriffspunkt der Resultante der beiden Kräfte P und Q' angesehen werden können, für welche die Bedingung $P: Q' = BJ : AJ$ gilt. Dies giebt nun $Q' < Q$, da nach der Hypothese $P: Q = BC : AC$ sich verhält. Da aber die Resultante der beiden Kräfte P und Q' durch J geht, so wird diejenige der beiden Kräfte P und $Q > Q'$ durch einen Punkt zwischen J und B gehen und, gegen unsere Hypothese, nicht durch G gehen können.

Auf dieselbe Weise könnte man zeigen, dass sie nicht zwischen C und B hindurchggehen kann, sie muss also notwendig durch C gehen.

Folgerung I.

24. Wenn drei parallele Kräfte P, Q, R (Fig. 9) an einer geraden Linie AB im Gleichgewicht sind, so ist eine von ihnen gleich und direct entgegengesetzt der Resultante der beiden anderen. So ist z. B. die Kraft Q, im entgegengesetzten Sinne genommen, die Resultante der beiden Kräfte P und R. Da die beiden Kräfte P und Q in demselben Sinne wirken, so ist folglich $R = P + Q$ und folglich $Q = R - P$. Daraus folgt, dass die Resultante zweier parallelen Kräfte, die im einander entgegengesetzten Sinne wirken, gleich ihrer Differenz ist und auf derjenigen Seite wirkt, auf welcher die grössere der beiden Kräfte sich befindet.

25. Wenn die beiden Kräfte P und R und die Fntfernung AB gegeben sind, welche letztere die Angriffspunkte der beiden Kräfte trennt, und will man den Angriffspunkt der Resultante Q finden, so hat man die Proportion $P: Q = BC: AC$ aufzustellen. Daraus ergiebt sich

$$(P + Q) : Q = (BC + AC) : AC$$

d. h.

$$R : Q = AB : AC.$$

Diese Proportion ergiebt den Wert von AB, und damit den **Punkt** B.

Folgerung II.

26. Nehmen wir an, dass die beiden Kräfte P und R gleich sind, so ist ihre Resultente Q gleich Null und die Entfernung AB ihres Angriffspunktes wird folglich, wie man aus obiger Proportion ersieht gleich $\frac{R\,.\,AC}{0}$, d. h. unendlich sein.

Wenn aber die beiden Kräfte P und R nicht gleich, sondern um eine sehr kleine Grösse von einander verschieden sind, so würde auch die Resultante Q, die gleich der Differenz beider ist, sehr klein und die Entfernung $AB = \frac{R\,.\,CA}{Q}$ sehr gross sein, da der Nenner Q sehr klein ist. Je mehr also die beiden Kräfte einander gleich werden, um so mehr vermindert sich der Unterschied und um so grösser wird die Entfernung des Angriffspunktes. Wenn also die beiden Kräfte völlig gleich werden, so wird die Resultante Null und die Entfernung des Angriffspunktes wird unendlich gross; es scheint also in dem Falle keine Resultante zu geben, oder mit anderen Worten: man kann keine einzelne Kraft finden, welche zwei gleichen, parallelen und im einander entgegengesetzten Sinne gerichteten Kräften das Gleichgewicht hält.

27. Um aber in Bezug auf diese letztere Folgerung nichts dunkel zu lassen, wollen wir uns denken, dass es eine einzelne Kraft R gebe, die den beiden völlig gleichen, parallelen und entgegengesetzten Kräften P und $-P$ das Gleichgewicht hält.

Welches nun auch die Lage dieser Kraft zu den beiden gegebenen sein mag, so wird man doch sofort im entgegengesetzten Sinne eine andere in Bezug auf dieselben Kräfte völlig ähnliche Lage finden können, denn alles ist auf beiden Seiten gleich. Wenn also eine Kraft R den beiden Kräften P und $(-P)$ das Gleichgewicht hält, so giebt es eine andere gleiche, parallele und im entgegengesetzten Sinne gerichtete Kraft $(-R)$, die ihnen ebenfalls das Gleichgewicht hält. Fügen wir diese zweite Kraft $(-R)$ hinzu und heben wir sie, um nichts zu ändern, sofort durch eine gleiche und entgegengesetzte Kraft R' auf, so findet also Gleichgewicht zwischen den fünf Kräften R, P, $(-P)$, $(-R)$ und R statt. Zwischen den Kräften P, $(-P)$ und $(-R)$ herrscht aber schon Gleichgewicht, es muss also auch zwischen den beiden übrigen Kräften R und R' Gleichgewicht herrschen. Dies ist aber unmöglich, da diese beiden parallelen und gleichen Kräfte in demselben Sinne wirken (19).

Die beiden Kräfte P und $(-P)$ können also nicht durch eine einfache Kraft im Gleichgewicht gehalten werden, und haben folglich auch keine Resultante.

Wir werden bald auf diese Kräftearten zurückkommen, deren Betrachtung, welche bisher nur als ein besonderer Fall erschien, einen beträchtlichen Teil des zweiten Teiles unserer Elemente bilden wird.

Folgerung III.

28. Ebenso wie man zwei parallele Kräfte, welche an gegebenen Punkten einer Linie wirken, zu einer einzigen zusammensetzt, kann man auch eine beliebige Kraft R (Fig. 6), die an einem Punkte C einer unbiegsamen Geraden angebracht ist, in zwei andere P und Q zerlegen, die ihr parallel sind, und welche in gegebenen Punkten A und B dieser Geraden wirken. Es handelt sich dabei nur darum, die Kraft R in zwei andere zu zerlegen, die im Verhältnis der Entfernungen BC und AC zu einander stehen. Um z. B. die Kraft Q zu finden, wird man sich der Proportion $R : Q = AB : AC$ bedienen, in welcher nur Q unbekannt ist. Die Kraft P ist also gleich $(R - Q)$.

Wenn der Angriffspunkt C der Kraft R (Fig. 10), welche man zerlegen will, nicht zwischen die Punkte A und B fällt, welche die gegebenen Angriffspunkte der gesuchten Componenten P und Q sind, so hätte man ebenso die Proportion $R : Q = AB : AC$, woraus die Kraft Q sich ergiebt; die Kraft P aber wäre gleich $(R + Q)$.

Folgerung IV.

29. Wenn man nun die Resultante zweier parallelen Kräfte finden kann, so kann man auch leicht diejenige beliebig vieler parallelen Kräfte bestimmen, die an verschiedenen Punkten eines beliebigen unveränderlichen Systems angebracht sind.

Es seien z. B. die vier parallelen Kräfte P, P', P'', P''' (Fig. 11) gegeben, die resp. an den vier Punkten A, B, C, D angebracht sind. Diese vier Punkte mögen eine beliebige Lage im Raum haben und auf eine unveränderliche Weise mit einander verbunden sein. Je zwei dieser Kräfte liegen dann in derselben Ebene. Man bildet sich dann zuerst die Resultante X der beiden Kräfte P und P', welche gleich der Summe $(P + P')$ beider ist, und durch einen Punkt J der Linie AB geht, den man findet, wenn man AB im umgekehrten Verhältnis von P und P' teilt. Hat man so die Resultante X bestimmt, so verbindet man den Punkt J, an welchem sie wirkt, mit dem Punkte C der dritten Kraft P''. Die beiden Kräfte X und P'' sind parallel, und man erhält ihre Resultante X' auch auf die soeben angegebene Weise. Diese Resultante wird also gleich $(X + P'')$ sein, und den Punkt F, an dem sie angebracht werden muss, findet man, indem man die Gerade CJ im umgekehrten Verhältnis von X zu P'' teilt. Verbindet man endlich den Punkt F mit dem Angriffspunkt D der vierten Kraft P''', und teilt die Gerade FD im umgekehrten Verhältnis der Kräfte X' und P''', so erhält man den Angriffspunkt G der allgemeinen Resultante R der vier Kräfte, welche parallel mit X' und P''', und folglich mit allen Componenten sein wird. Diese Resultante ist ihrem Werte nach gleich $(X' + P''')$ und folglich gleich der Summe aller Componenten.

Diese Ueberlegungen lassen sich offenbar auf eine beliebig grosse Zahl paralleler Kräfte ausdehnen.

Wenn unter den Kräften P, P', P'', P''' etc. einige vorhanden sind, die in dem einen, andere, die im entgegengesetzten Sinne wirken, so würde man damit beginnen, die Resultante aller derjenigen Kräfte zu bilden, die im entgegengesetzten Sinne wirken; da dann alle Kräfte auf zwei parallele und im entgegengesetzten Sinne gerichtete Kräfte reduciert sind, so findet man deren Resultante auf die oben angegebene Weise.

30. Man kann also im allgemeinen die Lage und die Grösse beliebig vieler parallelen Kräfte nach folgender Regel finden; Die Resultante beliebig vieler parallelen Kräfte ist selbst parallel diesen Kräften und ist gleich dem Ueberschuss der Summe derjenigen Kräfte, welche in dem einen Sinne wirken, über die Summe derjenigen Kräfte, die im entgegengesetzten Sinne wirken.

Ich sage im allgemeinen, weil es vorkommen kann, dass die Resultante der Kräfte, welche in dem einen Sinne wirken, völlig gleich der Resultante derjenigen ist, welche im entgegengesetzten Sinne wirken, ohne ihr direct entgegengesetzt zu sein. Dann aber giebt es, wie wir oben gesehen haben, keine Resultante.

Folgerung V.

31. Wir wollen nun annehmen, dass die vier Kräfte P, P', P'', P''', ohne ihre Grösse zu ändern, ohne aufzuhören parallel zu sein und durch dieselben respektiven Punkte A, B, C, D zu gehen, die Lagen p, p', p'', p''' im Raum annehmen sollen.

Sucht man die Resultante diese. Kräfte, indem man dieselbe Regel wie oben befolgt, so wird man zuerst finden, dass die Resultante x von p und p' durch denselben Punkt J geht, durch welchen die Resultante X von P und P' geht, und dass sie dieser an Grösse gleich ist. Sie geht durch denselben Punkt, weil ihr Unterstützungspunkt dieselbe Gerade AB im umgekehrten Verhältnis von p zu p' teilen muss, was dasselbe Verhältnis wie das von P zu P' ist. Sie wird ihr gleich sein, weil $(P + P') = (p + p')$ ist. Ebenso findet man, dass die Resultante x' von x und p'' durch den Punkt F geht, durch welchen die Resultante von X und P'' geht, und dass sie dieser auch an Grösse gleich ist. Auf diese Weise wird man weiter verfahren können, so dass die allgemeine Resultante der vier Kräfte p, p', p'', p''' durch denselben Punkt wie die Resultante der Kräfte P, P', P'', P''' gehen wird. Dies gilt allgemein, wie gross auch die Zahl der Kräfte sein mag. Daraus ergiebt sich folgendes allgemeine Theorem:

32. Betrachtet man ein beliebiges System paralleler Kräfte, die an einer Vereinigung von Punkten A, B, C, etc. angebracht sind, und giebt man successive dem ganzen Kräftesystem verschiedene Lagen, aber so, dass dieselben Kräfte immer durch dieselben Punkte gehen und ihre Grösse und Parallelität beibehalten, so werden die allgemeinen Resultanten, welche man successive in jeder dieser Lagen findet, sich sämmtlich in demselben Punkte schneiden.

Dieser Schnittpunkt der successiven Resultanten heisst **Mittelpunkt der parallelen Kräfte.** Wir werden noch Gelegenheit haben weiter unten davon zu sprechen, wenn wir zur Besprechung der Schwerpunkte kommen.

Man kann übrigens bemerken, dass es bei dem vorigen Beweise nicht nötig ist vorauszusetzen, dass die Kräfte ihre Grösse beibehalten sollen, es genügt schon, dass sie bei den successiven Lagen des Systems proportional zu einander bleiben.

Zusammensetzung von Kräften, die nach ein und demselben Punkte hin gerichtet sind.

Lehrsatz III.

33. Die Resultante zweier beliebigen Kräfte P und Q (Fig. 12), die an demselben Punkte A unter einem beliebigen Winkel angebracht sind, hat die Richtung der Diagonale des Parallelogramms $ABCD$, welches man über den beiden Linien AB und AC construieren kann. Die letzteren stellen die Kräfte P und Q sowohl der Grösse als auch der Richtung nach dar.

Wie wir gesehen haben (14) muss erstens diese Resultante in der Ebene der beiden Kräfte P und Q liegen, zweitens muss sie an dem Punkte A angebracht sein, da diese Resultante, der Annahme gemäss, den Punkt A genau ebenso angreifen soll wie die beiden Kräfte P und Q.

Ich sage jetzt, dass sie durch den Endpunkt D der Diagonale AD gehen muss.

Wir wollen auf der Verlängerung der Linie BD einen Teil $DG = DC$ annehmen, und den Rhombus $CDGH$ vervollständigen. An den Punkten G und H und in der Richtung von GH wollen wir zwei Kräfte Q' und Q'' anbringen, die einander entgegengesetzt, unter sich gleich und auch gleich der Kraft Q sind. Man sieht dann leicht, dass die Resultante der vier Kräfte P, Q, Q' Q'' durch den Punkt D gehen muss. Denn da 1) $Q' = Q$ ist, so verhalten sich die beiden parallelen Kräfte P und Q' zu einander, wie die Seiten AB und AC oder DC und DB zu einander, oder besser, da $DC = DG$ ist, wie die Linien DG und DB zu einander. Ihre Resultante S muss folglich durch D gehen (23). Da 2) die beiden Kräfte Q und Q'' einander gleich sind, so teilt ihre verlängerte Resultante T den Winkel CHG des Rhombus $CDGH$ in zwei gleiche Teile, und geht ebenfalls durch den Punkt D, an dem man sie sich angebracht denken kann. Die allgemeine aus den beiden Kräften S und T gebildete Resultante geht also durch den Punkt D.

Da aber die beiden Kräfte Q' und Q'', die an GH angebracht sind, einander völlig gleich und entgegengesetzt sind, so verschwindet ihre Wirkung vollständig, und die Resultante der vier Kräfte P, Q, Q', Q'' ist identisch dieselbe, wie die der beiden Kräfte P und Q. Da nun die erstere durch den Punkt D geht, so wird auch diejenige der beiden Kräfte P und Q durch denselben Punkt gehen.

Da nun die Resultante zugleich durch die beiden Punkte A und D geht, so fällt also ihre Richtung mit der Diagonale AD zusammen.

Folgerung.

34. Daraus schliessen wir, dass wenn man nur die Richtungen der beiden Kräfte P und Q (Fig. 13), und diejenige ihrer Resultante R kennt, man das Verhältnis der Kraft P zur Kraft Q bestimmen kann. Denn nimmt man auf der Richtung der Resultante einen beliebigen Punkt D an, und legt durch diesen Punkt zwei Linien DC und DB parallel zu den Richtungen der Componenten P und Q, welche diese Richtungen in B und C treffen, so wäre notwendig

$$P : Q = AB : AC.$$

Ohne dies hätte man, dass sich P zu Q wie AB zu einer Linie AO verhält, die viel kleiner oder grösser als AC ist. Die Resultante der beiden Kräfte P und Q hätte also die Richtung der Diagonale AJ eines Parallelogramms $AOJB$, welches vom Parallelogramm $ABDC$ verschieden ist, und dies ist gegen unsere Annahme.

Lehrsatz IV.

35. Die Resultante zweier beliebigen Kräfte P und Q (Fig. 14), die an demselben Punkte A angebracht sind, wird der Grösse und Richtung nach durch die Diagonale des Parallelogramms $ABDC$ dargestellt, das über den beiden Linien AB und AC construiert werden kann. Die Linien AB und AC stellen diese Kräfte der Grösse und Richtung nach dar.

Wir haben schon gesehen, dass die Diagonale die Richtung dieser Resultante angiebt, es bleibt nur noch übrig zu zeigen, dass die Diagonale auch die Grösse der Resultante angiebt.

Es sei R diese Resultante und wir wollen annehmen, dass sie am Punkte A auf der Verlängerung der Diagonale DA, aber in dem ihrer Wirkung entgegengesetzten Sinne angebracht sei. Die drei Kräfte P, Q,

R werden im Punkte A im Gleichgewicht sein. Die eine dieser Kräfte, z. B. die Kraft Q wird also gleich und direkt entgegengesetzt der Resultante der beiden anderen P und R sein. Die Richtung der Kraft Q, verlängert, wird also diejenige der Resultante der beiden Kräfte P und R sein. Zieht man also durch den Punkt B eine Parallele BG zu der Richtung AB, welche die Verlängerung von QA im Punkte G trifft, und zieht man durch den Punkt G eine Parallele GH zu der Richtung AP, welche die Richtung der Kraft R in H trifft, so werden sich die beiden Kräfte P und R zu einander verhalten wie die Seiten AB und AH des Parallelogramms $ABGH$ (34). Die Linie AB stellt aber die Kraft P dar, folglich wird AH die Kraft R darstellen.

Nun hat man aber durch die Parallelen, $AH = BG = AD$; also giebt die Diagonale auch die Grösse der Resultante an.

Folgerung I.

36. Da die drei Kräfte P, Q, R sich wie die drei Linien AB, AC, AD verhalten, und da man aus dem Parallelogramm $ABCD$ erhält $AB = AD$, so kann man sagen, dass diese drei Kräfte sich verhalten wie die drei Seiten CD, CA und AD des Dreieckes ACD. Diese drei Seiten verhalten sich aber zu einander wie die sinus der gegenüberliegenden Winkel CAD, CDA und ACD. Da ferner vermöge der parallelen Linien $CDA = BAD$ ist, so ist ACD das Supplement zum Winkel BAC und hat folglich denselben sinus. Man erhält also:

$$P : Q : R = \sin CAD : \sin BAD : \sin BAC.$$

Daraus kann man schliessen, dass, da die Resultante der beiden Kräfte P und Q durch den sinus des von ihren beiden Richtungen gebildeten Winkels dargestellt wird, die beiden Kräfte P und Q umgekehrt durch die sinus der beiden an der Resultante anliegenden Winkel dargestellt werden, oder auch, wenn man will, dass jede der Kräfte P, Q, R sich verhält wie der sinus des Winkels, den die Richtungen der beiden anderen mit einander bilden.

Bemerkung.

37. Daraus schon kann man sehen, dass wenn zwei Kräfte auf denselben Punkt unter einem Winkel einwirken, der nicht gleich zwei Rechten ist, sie niemals eine Resultante haben werden, deren Wert gleich Null ist, wenn nicht jede von ihnen für sich gleich Null ist. Am besten erkennt man dies aus der Betrachtung des Parallelogramms der Kräfte.

Denn wenn keine der beiden Kräfte Null wäre, so könnte man ein Parallelogramm über den beiden sie der Grösse und Richtung nach darstellenden Linien construieren, und die Diagonale dieses Parallelogramms würde ihre Resultante sein.

Wäre die eine der Kräfte gleich Null, so würde die andere die Resultante sein; es kann also die Resultante nicht gleich Null sein, wenn nicht die beiden Componenten gleich Null sind.

Wenn die beiden Componenten unter einem gestreckten Winkel auf den Punkt wirken, so sind sie einander entgegengesetzt, und die Resultante ist nicht allein Null in dem Fall, wo jede dieser beiden Componenten Null ist, sondern auch noch in dem Fall, wo sie beide einander gleich sind.

Folgerung II.

38. Man kann stets eine gegebene Kraft R in zwei andere P und Q zerlegen, welche die Richtung der Linien AP, AQ (Fig. 15) haben, vorausgesetzt, dass diese Richtungen und diejenige der Kraft R in einer Ebene liegen und nach demselben Punkte A convergieren; denn nimmt man auf der Richtung der Kraft R einen Teil AD an, der ihre Grösse vorstellen soll, und zieht durch den Punkt D die Geraden DC, DB parallel zu den gegebenen Richtungen AP und AQ, so kann man das Parallelogramm $ABCD$ construieren, dessen Seiten AB und AC die verlangten Kräfte P und Q darstellen.

Will man die Grösse derselben berechnen, so kann man dies vermöge der Proportionen

$$R : P = \sin BAC : \sin CAD$$
$$R : Q = \sin BAC : \sin BAD,$$

in welchen nur P und Q unbekannt sind, und folglich daraus bestimmt werden können.

Bemerkung.

39. Wäre der Winkel BAC ein Rechter, so hätte man, wenn man den Radius gleich 1 setzt, $\sin BAC = 1$, $\sin CAD = \cos BAD$ und umgekehrt $\sin BAD = \cos CAD$.

Die beiden obigen Proportionen wären nun

$$R : P = 1 : \cos BAD$$
$$R : Q = 1 : \cos CAD$$

so dass

$$P = R \,.\, \cos BAD$$
$$Q = R \,.\, \cos CAD$$

ist.

Daraus folgt, dass wenn man eine Kraft in zwei andere zerlegt, die senkrecht zu einander wirken, man jede Componente finden kann, wenn man die gegebene Kraft mit dem Cosinus des Winkels multipliciert, den sie mit der Richtung dieser Componente bildet.

Jede Componente wird durch die Projection der Resultante auf ihre Richtung dargestellt, und dies versteht man darunter, wenn es heisst, die Kraft soll nach dieser Richtung geschätzt werden. Es ist also $R \,.\, \cos BAD$, oder die Componente P, die Kraft R, geschätzt in der Richtung AP.

Folgerung III.

40. Kann man die Resultante zweier Kräfte, die an einem Punkt angebracht sind, bestimmen, so kann man auch diejenige beliebig vieler Kräfte P, Q, R, S etc. bestimmen, die alle an demselben Punkte A angebracht sind und beliebige Richtungen im Raum haben. Denn betrachtet man zuerst zwei beliebige dieser Kräfte, z. B. P und Q, so liegen diese in einer Ebene, und man bestimmt ihre Resultante auf die soeben angegebene Weise. Diese Resultante sei X. Auf dieselbe Weise bestimmt man die Resultante von X und der Kraft R, die ich mit Y bezeichnen will, und die man wieder mit der neuen Kraft S zu der Resultante Z verbindet. Z wird also dann die Resultante der vier Kräfte P, Q, R, S sein. Fährt man so fort, so wird man endlich zur allgemeinen Resultante aller gegebenen Kräfte gelangen.

Liegen alle Kräfte P, Q, R, S etc. in derselben Ebene, so liegen auch die einzelnen Resultanten X, Y, Z etc. in derselben Ebene, und folglich auch die allgemeine Resultante sämmtlicher Kräfte.

Sind alle Kräfte im Gleichgewicht, so ist die allgemeine Resultante gleich Null.

Durch diese successive Zusammensetzung mehrerer Kräfte um einen Punkt herum sieht man auch, dass, wenn man im Raum ein Polygon zeichnet, dessen Seiten successive parallel und proportional mit den Kräften sind, die gerade Linie, welche das Polygon schliesst, parallel und proportional mit der allgemeinen Resultante aller Kräfte ist, so dass, wenn das Polygon von selbst geschlossen ist, die Resultante Null ist und alle Kräfte um den Punkt, an dem sie angreifen, im Gleichgewicht sind.

Der folgende Lehrsatz ist im Grunde genommen nur ein besonderer Fall dieses eleganten Satzes, da er aber sehr häufig in der Mechanik angewendet wird, so wollen wir ihn doch anführen und ausdrücklich beweisen.

Lehrsatz V.

41. Wenn drei an demselben Punkt A (Fig. 16) angebrachte Kräfte X, Y, Z im Raum durch die drei Linien AB, AC, AD dargestellt werden, und man das Parallelepipedon $A \ldots F$ construiert, so wird die Resultante R dieser drei Kräfte durch die Diagonale AF dieses Parallelepipedons dargestellt.

Die beiden Kräfte X und Y, welche durch die beiden Seiten des Parallelogramms $ABGC$ dargestellt werden, haben zur Resultante eine Kraft P, welche die Richtung der Diagonale AG dieses Parallelogramms hat.

Da nun AD gleich und parallel mit GF ist, so wird $AGFD$ ein Parallelogramm sein, und die Kräfte P und Z werden folglich eine Resultante R ergeben, die durch die Diagonale AF dargestellt wird, welche zugleich Diagonale des gegebenen Parallelepipedons ist.

Bemerkung.

42. Wir wollen sogleich, wie in 37, bemerken, dass, wenn die drei Kräfte X, Y, Z nicht in derselben Ebene liegen, sie auch niemals eine Resultante haben können, deren Wert Null ist, wenn nicht jede von ihnen selbst gleich Null ist.

Denn wäre keine von ihnen gleich Null, so könnte man über den Linien, welche sie der Grösse und Richtung nach darstellen, das Parallelepipedon construieren, dessen Diagonale die Resultante ist.

Wäre eine von ihnen gleich Null, so hätten die beiden anderen, welche nach unserer Annahme nicht in einer geraden Linie liegen sollen, eine Resultante.

Wenn endlich zwei von ihnen Null wären, so wäre die dritte die Resultante und die Componenten X, Y, Z müssten sämmtlich Null sein, damit ihre Resultante Null sein könnte.

Folgerung I.

43. Aus dem vorigen Lehrsatz, den man den Satz vom Parallelogramm der Kräfte nennen könnte, folgt also, dass eine beliebig gegebene Kraft R sich stets in drei Kräfte X, Y, Z zerlegen lässt, die respektive drei im Raume gegebenen Linien parallel sind, vorausgesetzt, dass nicht zwei von diesen parallel sind.

Denn ist AF derjenige Teil, welcher die Grösse der Kraft R darstellt, und legt man durch den Angriffspunkt A drei Parallele zu den gegebenen geraden Linien, so kann man durch den Punkt A drei unendlich grosse Ebenen XY, XZ, YZ, und durch den Punkt F drei andere zu den ersteren parallele Ebenen legen. Diese sechs Ebenen bestimmen das Parallelepipedon, dessen drei anstossende Kanten AB, AC, AD die drei Componenten X, Y, Z darstellen werden.

Folgerung II.

44. Wenn das Parallelepipedon rechtwinklig ist, so ist in dem Rechteck $ADFG$

$$AF^2 = AD^2 + AG^2.$$

Da aber in dem Rechteck $ABGC$

$$AG^2 = AC^2 + AB^2$$

ist, so erhält man durch Substitution dieses Wertes für AG^2

$$AF^2 = AD^2 + AC^2 = AB^2$$

folglich

$$R^2 = X^2 + Y^2 + Z^2.$$

Daraus ergiebt sich also

$$R = \sqrt{X^2 + Y^2 + Z^2}$$

als Wert der Resultante, ausgedrückt als Funktion der drei Componenten.

45. Wollte man die drei Componenten als Funktion der Resultante und der Winkel erhalten, welche sie mit dieser bilden, so hätte man, wenn α den Winkel bezeichnet, den die Resultante R mit der Componente X macht, offenbar

$$AF : AB = 1 : \cos\alpha$$

und folglich

$$R : X = 1 : \cos\alpha,$$

so dass man erhält:

$$X = R\cos\alpha.$$

Nennt man die Winkel, welche R mit den Componenten Y und Z bildet, β und γ, so findet man:

$$Y = R\cos\beta$$
$$Z = R\cos\gamma.$$

Daraus folgt, dass man die Werte der drei Componenten findet, wenn man die Resultante respektive mit den consinus der drei Winkel multipliciert, welche ihre Richtung mit den Richtungen dieser Componenten bildet.

Bemerkung.

46. Da, wie wir gesehen haben, $R^2 = X^2 + Y^2 + Z^2$ ist, so erhält man, wenn man für X, Y, Z die soeben gefundenen Werte $R\cos\alpha$, $R\cos\beta$, $R\cos\gamma$ substituiert

$$R^2 = R^2\cos^2\alpha + R^2\cos^2\beta + R^2\cos^2\gamma$$

oder besser

$$R^2 = R^2(\cos^2\alpha + \cos^2\beta + \cos^2\gamma)$$

also

$$\cos^2\alpha + \cos^2\beta + \cos^2\gamma = 1.$$

Dies ist die aus der Geometrie bekannte Relation, welche zwischen den drei Winkeln stattfindet, die eine gerade Linie mit den drei rechtwinkligen Axen im Raume bildet.

Abschnitt II.

Zusammensetzung und Zerlegung von Kräftepaaren.

47. Der Kürze halber wollen wir im Folgenden unter Kräftepaar stets zwei Kräfte P und ($-P$) (Fig. 17) verstehen, die einander gleich, parallel und entgegengesetzt sind und nicht an demselben Punkte angreifen. Das gemeinsame Lot AB, welches man auf den Richtungen dieser beiden Kräfte errichten kann, wird dann der Hebelarm des Kräftepaares sein und das Produkt $P.AB$ einer dieser Kräfte in den Hebelarm nennt man das Moment.

Wie nun auch die Wirkung zweier Kräfte P und $-P$ auf den Körper, an dem sie angebracht sind, beschaffen sein mag, so haben wir doch (27) gesehen, dass diese Wirkung nicht im Gleichgewicht gehalten werden kann durch die Wirkung einer einfachen beliebig an dem Körper angebrachten Kraft, und dass folglich die Wirkung eines Kräftepaares auf keine Weise mit einer einfachen Kraft verglichen werden kann. Um diese neue Bewegungsursache, die in gewisser Beziehung von ganz besonderer Natur ist, zu unterscheiden, könnte man ihr einen ganz besonderen Namen geben. Uns genügt der Name Kräftepaar vollständig, und er bezeichnet sehr gut die ganze Wirkung der beiden Kräfte um die es sich handelt, und die Art und Weise der Wirkung, welche aus der Einwirkung des Kräftepaares hervorgeht.

Da nun, wie man sogleich sehen wird, die Wirkung eines Kräftepaares durch sein Moment gemessen wird, so wird man immer dieses letztere Wort an die Stelle des ersteren setzen oder beide mit einander vertauschen dürfen.

Die Zusammensetzung von Kräftepaaren wird den zweiten wesentlichen Teil der Principe unserer Statik bilden und im Verlaufe dieses Werkes fast eben so oft vorkommen als die Zusammensetzung von Kräften.

Wir werden bald die Gesetze des Gleichgewichts auf eine so natürliche und einfache Art ableiten lernen, dass man uns verzeihen wird, wenn es so scheint, als ob wir uns hier mit der Untersuchung eines speciellen Falles beschäftigt haben.

Was wir über die Kräftepaare sagen werden, ist von der Wirkung, die sie auf die Körper erzeugen, völlig unabhängig; wenn man sich aber eine Idee über den Sinn verschiedener in einer Ebene gelegenen Kräftepaare bilden will, so wird man sich vorzustellen haben, dass die Mittelpunkte ihrer Hebelarme fest sind; die Wirkung jedes Kräftepaares wird dann offenbar darin bestehen, den Körper um den Mittelpunkt seines

Hebelarmes zu drehen, und man wird leicht den Sinn der Kräftepaare unterscheiden können, wenn man die Kräftepaare, welche den Körper in dem einen Sinne drehen wollen, von denen unterscheidet, welche ihn im entgegengesetzten Sinne drehen wollen. Dabei aber wollen wir nicht aus dem Auge verlieren, dass es in Wirklichkeit keinen festen Punkt giebt (wenn wir dies nicht besonders bemerken) und dass die Idee der Drehung, die bisher nur eine reine Annahme ist, nur ein Hilfsbild sein soll.

Verlegung von Kräftepaaren.

48. Wir haben oben gesehen, dass eine Kraft in jeden beliebigen Punkt ihrer Richtung versetzt werden kann, vorausgesetzt, dass dieser Punkt mit dem ersten Angriffspunkte auf unveränderliche Weise verbunden ist. Der folgende Satz ist ein ganz ähnlicher, ebenso wichtiger Satz für Kräftepaare, von dem wir im Folgenden den grössten Gebrauch machen werden.

Hilfssatz.

49. Ein beliebiges Kräftepaar kann ganz beliebig in seiner eigenen Ebene oder auch in jede andere ihr parallele Ebene versetzt und in dieser Ebene beliebig gedreht werden, ohne dass dadurch seine Wirkung auf den Körper, an dem es angebracht ist, verändert würde, wenn nur der neue Hebelarm mit dem ersten auf unveränderliche Weise verbunden ist.

Um diesen Satz leichter beweisen zu können, wollen wir ihn in zwei andere zerlegen.

Das Paar $(P, -P)$ (Fig. 18) mag zuerst rechtwinklig auf AB wirken. In der Ebene des Paares oder in jeder beliebigen Parallelebene nehme man eine AB gleiche und parallele Gerade CD ganz beliebig an, verbinde A mit D und B mit C durch gerade Linien, welche in derselben Ebene liegen werden und sich in ihren respektiven Mittelpunkten schneiden. Dabei nehmen wir an, dass AB und CD auf unveränderliche Weise verbunden seien.

Bringt man nun an der Geraden CD parallel zu den Kräften P und $-P$ zwei einander entgegengesetzte, dem gegebenen Paare $(P, -P)$ gleiche und also auch unter sich gleiche Paare $(P', -P')$ und $(P'', -P'')$ an, so zerstören sich diese beiden offenbar, so dass also durch sie die Wirkung des Paares $(P, -P)$ nicht gestört wird. Ebenso zerstören sich auch die Paare $(P, -P)$ und $(P'', -P'')$; denn da J der Mittelpunkt von AD und BC zugleich ist, so geben die beiden auf AD wirkenden und parallelen Kräfte P und P'' eine Resultante, welche der Resultante der beiden auf AB wirkenden Kräfte $-P$ und $-P''$ völlig gleich und entgegengesetzt ist.

Man kann also die Paare $(P, -P)$ und $(P'', -P'')$ einfach fortlassen, so dass man nur dass Paar $(P', -P')$ auf CD angebracht behält, welches dieselbe Wirkung wie das gegebene Paar $(P, -P)$ hat. Auf diese Weise ist gleichsam das Paar $(P, -P)$ parallel zu sich selbst verlegt, so dass sein Hebelarm AB jetzt in der Lage CD liegt.

Es wirke zweitens das Kräftepaar $(P, -P)$ (Fig. 19) rechtwinklig auf AB. Man ziehe in der Ebene dieses Paares unter einem beliebigen Winkel mit AB eine Gerade $CD = AB$. Beide Geraden mögen sich in dem Mittelpunkte J ihrer respektiven Längen schneiden und seien in dieser Lage unveränderlich mit einander verbunden.

Bringt man auf CD unter einem rechten Winkel zwei entgegengesetzte, unter sich nnd dem gegebenen Paare $(P, -P)$ gleiche Paare $(P', -P')$ und $(P'', -P'')$ an, so zerstören sich die beiden Paare, ändern also nichts an der Wirkung des Paares $(P, -P)$. Ebenso zerstören sich aber auch die Paare $(P, -P)$ und $(P'', -P'')$, denn die beiden sich in G treffenden Kräfte P und $-P''$, welche einander gleich sind, geben eine Resultante, die der Resultante der beiden gleichen sich in H treffenden Kräfte $-P$ und P'' gleich und entgegengesetzt ist. Mann kann also die beiden Paare $(P, -P)$ und $(P'', -P'')$ fortlassen und es bleibt nur noch das Paar $(P', -P')$, auf CD angebracht, übrig, was ganz mit $(P, -P)$ gleichwirkend ist, so dass dieses gleichsam parallel mit sich selbst versetzt erscheint und der Arm AB in die schiefe Lage CD gekommen ist.

Durch Vereinigung dieser beiden Sätze folgt dann, dass man jedes beliebige Kräftepaar in seiner Ebene oder in jeder anderen parallelen Ebene in jede beliebige Lage versetzen kann, ohne die Wirkung desselben zu ändern; denn man kann es zuerst parallel zu seinen Kräften in die gegebene Ebene versetzen, so das die Mitte seines Hebelarmes in den gegebenen Punkt fällt, und dann kann man es um diesen Punkt so drehen, dass es die verlangte Lage hat, oder man kann es auch zuerst in seiner Ebene so drehen, dass seine Kräfte den verlangten Richtungen parallel sind, und es dann parallel mit seinen Kräften unmittelbar in die gegebene Lage bringen.

Verwandlung der Kräftepaare; Mass derselben.

Hilfssatz.

50. Ein beliebiges an dem Hebelarme AB (Fig. 20) wirkendes Kräftepaar $(P, \quad P)$ kann in ein anderes $(Q, \quad Q)$ verwandelt werden, das denselben Sinn hat und auf einen Hebelarm BC wirkt, der von dem ersten verschieden ist, wenn nur $P : Q = BC : AB$ oder $P . AB = Q . BC$ ist, d. h. wenn nur die Momente dieser Paare gleich sind.

Nimmt man auf der Verlängerung von AB einen beliebigen Teil BC an, und bringt auf BC parallel zu den Kräften P und $-P$ zwei gleiche und entgegengesetzte Paare $(Q, -Q)$ und $(Q', -Q')$ an, so ist ihre Wirkung absolut genommen Null, und die Wirkung des Paares $(P, -P)$ wird folglich dadurch nicht geändert. Nimmt man aber andererseits an, dass die Kräfte P und Q und also auch P und Q' sich umgekehrt verhalten wie die Geraden AB und BC, so geht ihre Resultante, die gleich $(P+Q')$ ist durch B und vernichtet offenbar die entgegengesetzten Kräfte $-P$, $-Q'$, die hier angebracht sind. Man kann also die vier Kräfte P, Q', $-P$, $-Q'$ fortlassen, und es bleibt dann nur das Paar $(Q, -Q)$ auf BC wirkend, welches also an die Stelle des an AB wirkenden Paares $(P, -P)$ gesetzt werden kann.

Folgerung.

51. Daraus ergiebt sich leicht, dass die Energien (efforts) der Kräftepaare ihren Momenten proportional sind.

Denn zuerst ist klar, dass die Energien der beiden Paare $(P, -P)$ und $(Q, -Q)$ (Fig. 21), welche an den gleichen Hebelarmen AB und CD wirken, sich wie die Kräfte P und Q dieser Paare verhalten; verhalten sich z. B. die Kräfte P und Q zu einander wie zwei ganze Zahlen z. B. 5 und 3, so kann man jede Kraft P und $-P$ in 5 gleiche, und ebenso jede Kraft Q und $-Q$ in drei gleiche Kräfte teilen, die alle unter sich gleich sind; das Paar $(P, -P)$ kann dann als die Summe von 5 gleichen Paaren von demselben Sinne, eines am andern angebracht, und ebenso das Paar $(Q, -Q)$ als die Summe von 3 gleichen Paaren von demselben Sinne, eines an dem anderen angebracht, betrachtet werden. Die Intensitäten der Paare $(P, -P)$ und $(Q, -Q)$ verhalten sich also wie $5:3$ oder wie $P:Q$. Sind die Kräfte P und Q incommensurabel, so hilft man sich auf die bekannte Weise.

Es seien nun $(P, -P)$ und $(Q, -Q)$ zwei beliebige Paare, p sei der Arm des ersteren, q der Arm des zweiten, so ist das Paar, $(Q, -Q)$, welches auf q wirkt, gleichwirkend mit dem Paare $\left(\frac{q}{p}Q, -\frac{q}{p}Q\right)$, welches auf p wirkt, weil die beiderseitigen Momente gleich sind, indem das erste Qq und das zweite $\frac{q}{p}Q.\ p = Qq$ ist. Statt der zwei gegebenen Paare hat man also nun die beiden $(P, -P)$ und $\left(\frac{q}{p}Q, -\frac{q}{p}Q\right)$, die einen und denselben Hebelarm p haben. Die Intensitäten M und N dieser beiden Paare verhalten sich aber wie ihre Kräfte, man hat also $M:N = P:\frac{q}{p}Q$ oder

$$M:N = Pp:Qq.$$

52. Da zwei Kräftepaare sich wie ihre Momente verhalten, so ist das Moment eines Paares auch das Mass der Energie oder Intensität desselben; denn nimmt man als Einheit des Paares ein Paar an, dessen beide Kräfte gleich der Krafteinheit sind, und dessen Hebelarm gleich der Längeneinheit ist, so wird das Paar $(P, -P)$ am Hebelarm p so oft die Energie-Einheit in sich enthalten, als das Moment Pp. das Moment $1 . 1$ oder die Einheit in sich enthält.

Bemerkung.

53. Um die Grössen oder Intensitäten der Kräftepaare unter einander zu vergleichen, könnte man auch statt der Produkte Pp, Qq der Kräfte in ihre rechtwinkligen Hebelarme die Produkte derselben Kräfte in die zu ihren Richtungen schiefen Hebelarme nehmen, es müsste dann aber für alle Kräftepaare der Hebelarm denselben Winkel mit den Kräften bilden; denn dann würden offenbar die schiefen Hebelarme den rechtwinkligen, und mithin auch die neuen Momente den alten proportional sein.

Wir werden uns zuweilen dieser neuen Momente als relatives Mass der verschiedenen Paare bedienen, wir werden jedoch nur die ersteren Momente als ein absolutes Mass ihrer Intensitäten betrachten.

Zusammensetzung von Kräftepaaren, die in derselben Ebene oder in parallelen Ebenen liegen.

Lehrsatz I.

54. Zwei beliebig in derselben Ebene oder in parallelen Ebenen liegende Kräftepaare lassen sich stets in ein einziges Kräftepaar zusammensetzen, das gleich der Summe jener Kräftepaare, wenn sie nach demselben Sinne, oder gleich ihrer Differenz ist, wenn sie nach entgegengesetztem Sinne zu drehen streben.

Zuerst kann man die beiden Paare in dieselbe Ebene, darauf die Kräfte in Parallelität bringen, sie dann in zwei gleichwirkende verwandeln, welche einen und denselben Hebelarm haben, und sie endlich an einander anbringen.

Wären P und Q die zusammenzusetzenden Kräfte der beiden Paare, p und q ihre respektiven Hebelarme, und D die Länge des den verwandelten Paaren gemeinschaftlichen Hebelarmes, so kann man statt des Momentes Pp des Paares $(P, -P)$ das gleichwirkende Moment $P'D = Pp$ des Paares $(P', -P')$ nehmen. Ebenso substituiert man für das Moment Qq des Paares $(Q, -Q)$ das Moment $Q'D = Qq$ eines gleichwirkenden Paares

$(Q', -Q')$ Werden nun diese verwandelten Paare an einander an demselben Hebelarme D angebracht, so hat man ein einziges Paar $[(P'+Q'), -(P'+Q')]$, dessen Moment

$$(P'+Q')\,D \text{ oder } P'D+Q'D=Pp+Qq$$

ist.

Das resultierende Moment ist also gleich der Summe der zusammenzusetzenden Momente oder auch gleich ihrer Differenz, je nachdem die an den Enden des Hebelarmes D wirkenden Kräfte P' und Q' gleichen oder entgegengesetzten Sinn haben.

Zusatz.

Durch diese Combination je zweier Kräftepaare kann man dann auch beliebig viele auf irgend eine Weise in derselben Ebene oder in parallelen Ebenen liegende Kräftepaare zusammensetzen, und man erhält immer ein einziges Kräftepaar, welches gleich ist der Summe derjenigen, welche in dem einen Sinne zu drehen streben, weniger der Summe derjenigen, die im entgegengesetzten Sinne zu drehen streben.

Umgekehrt könnte man auch ein gegebenes Kräftepaar in beliebig viele andere zerlegen, die in derselben Ebene oder in Parallelebenen dazu liegen. Man kann sogar alle diese Kräftepaare, mit Ausnahme eines einzelnen, nach Belieben nehmen; denn es genügt schon, dass die Summe derjenigen, welche in demselben Sinne wirken, weniger der Summe derjenigen, die im entgegengesetzten Sinne wirken, gleich dem gegebenen Kräftepaare ist.

Zusammensetzung von Kräftepaaren, die in beliebigen Ebenen liegen.

Lehrsatz II.

55. Zwei Kräftepaare, die beliebig in zwei sich unter irgend einem Winkel schneidenden Ebenen liegen, lassen sich stets in ein einziges Kräftepaar zusammensetzen.

Stellt man die Momente dieser Paare durch die respektiven Längen zweier unter dem Neigungswinkel der beiden Ebenen gegen einander geneigte gerade Linien dar, und vervollständigt man daraus das Parallelogramm, so giebt die Diagonale desselben das Moment des resultierenden Paares, und die Ebene dieses Paares teilt den Winkel der Ebenen der beiden gegebenen Paare ebenso, wie die Diagonale des Parallelogramms den Winkel zwischen den beiden anliegenden Seiten teilt.

Es mögen die beiden gegebenen Paare in den zwei sich in AG (Fig. 22) schneidenden Ebenen AGM und AGN liegen, und wir wollen annehmen, dass man zuerst die beiden Paare in zwei andere gleichwirkende verwandelt habe, welche denselben Hebelarm haben.

An welchem Orte auch das Paar $(P, -P)$ in der Ebene AGM liegen mag, man kann es doch immer in dieser Ebene unter rechtem Winkel auf die Durchschnittslinie AG so anbringen, dass sein Hebelarm AB in die Durchschnittslinie AG fällt (49). Ebenso kann man das Paar $(Q, -Q)$, wie es auch in der Ebene AGN liegen mag, unter rechtem Winkel auf derselben Schnittlinie AG so anbringen, dass sein dem ursprünglichen gleicher Hebelarm mit dem in AB liegenden AG zusammenfällt.

Dann setzen wir die zwei in A angebrachten Kräfte P und Q in eine einzige R zusammen, die gleichfalls in A wirkt und durch die Diagonale AR des über AP und AQ construierten Parallelogramms $QARP$ gegeben wird, wo AQ und AP die Kräfte Q und P darstellen. Ebenso setzen sich die in B angebrachten Kräfte $-P$ und $-Q$ in eine einzige $-R$ zusammen, die auf B wirkt und zu R parallel und ihr gleich, aber der ersteren entgegengesetzt ist. Man hat also statt der beiden Paare $(P, -P)$ und $(Q, -Q)$ das einzige Paar $(R, -R)$, das an demselben Hebelarme AB angebracht ist.

Da diese drei Paare denselben Hebelarm haben, so sind ihre respektiven Momente den drei Kräften P, Q, R proportional. Stellt man also die Momente der beiden zusammensetzenden Paare durch die ihnen proportionalen Geraden AP und AQ dar, so giebt die Diagonale AR des aus diesen Geraden construierten Parallelogramms $APRQ$ das Moment des resultierenden Paares an. Nun messen aber die von den Geraden AP, AQ, AR gebildeten Winkel die Winkel, welche die drei Ebenen miteinander bilden; es teilt also die Ebene des resultierenden Paares den Winkel der beiden anderen Ebenen ebenso, wie die Diagonale AR den Winkel PAQ der anliegenden Seiten AP und AQ teilt, womit unser Satz bewiesen ist.

Folgerung.

56. Man kann also stets beliebig viele, auf einen Körper auf beliebige Weise im Raume angebrachte Kräftepaare in ein einziges zusammensetzen; denn indem man immer je zwei und zwei mit einander zusammensetzt, wie wir es soeben gethan, erhält man endlich ein einziges Paar, dessen Ebene und Grösse bekannt ist, und welches mit allen gegebenen Paaren gleichwertig sein wird.

Umgekehrt kann man auch stets ein Paar in zwei andere in gegebenen Ebenen liegende Paare zerlegen, falls diese Ebenen und diejenige des gegebenen Paares sich in derselben Geraden schneiden, (oder in parallelen Geraden; denn verlegt man die Ebene des einen Paares parallel mit sich selbst, was erlaubt ist (49), so könnte man ihre drei parallelen Schnitte in einen einzigen vereinigen).

Bemerkung I.

57. Um diese Zerlegung zu bewirken, verfährt man umgekehrt, wie vorhin für die Zusammensetzung zweier Paare gezeigt ist, oder auch man verfährt auf folgende sehr einfache Weise, von der wir hier weiteren Gebrauch machen wollen.

Es sei AZ (Fig. 23) der gemeinschaftliche Durchschnitt der drei Ebenen. Man ziehe durch sie beliebig eine Ebene YAX, welche jene drei respektive in den Geraden AY, AV, AX schneidet, und es sei ZAV die Ebene des gegebenen Paares.

Wo auch das Paar $(P, -P)$ in der Ebene ZAV liegen mag, man kann es doch so legen, dass seine Kräfte parallel zum Durchschnitt AZ sind, und dass die Richtung einer dieser Kräfte, z. B. von $-P$, mit dem Durchschnitt AZ selbst zusammenfällt. Dann wird die andere Kraft P die Linie AV in B schneiden, und man hat das Paar $(P, -P)$, das auf irgend eine Weise an AB angebracht ist, wie man es in der Figur sieht. Man bilde nun nach den Richtungen AY und AX mit AB als Diagonale das Parallelogramm $BCAD$ und bringe in den Ecken D oder C, z. B. in D, zwei gleiche entgegengesetzte Kräfte P', $-P'$ an, die den Kräften P und $-P$ des gegebenen Paares gleich und parallel sind, die Wirkung dieses Paares wird dadurch nicht geändert. Statt des an der Diagonale AB wirkenden Paares $(P, -P)$, kann man nun aber zwei andere nehmen, eines $(P', -P)$, welches auf der Seite AD in einer der gegebenen Ebenen ZAY wirkt, und das andere $(P, -P')$, welches auf BD parallel zu der anderen gegebenen Ebene ZAX wirkt. Dieses Paar kann nun parallel zu sich selbst in die Ebene ZAX auf der Seite $AC = BD$ versetzt werden und man hat dann statt des Paares $(P, -P)$, das auf der Diagonale AB wirkt, zwei Paare $(P', -P)$ und $(P, -P')$, die aus zu den ersten Kräften gleichen und parallelen Kräften bestehen, und die in den beiden gegebenen Ebenen an den Geraden AD und AC wirken.

Bemerkung II.

58. Stände die Ebene YAX senkrecht auf dem gemeinschaftlichen Durchschnitt AZ der Ebenen der drei Paare, so würden die Kräfte dieser Paare senkrecht auf den Linien AY, AV, AX stehen, und da diese Kräfte gleich sind, so wären die Momente der Paare den Hebelarmen AD, AB, AC proportional. Nach dem oben Gesagten erhielte man dann wieder den Lehrsatz (55) und hätte, wie man sieht, somit einen zweiten neuen Beweis dieses Lehrsatzes.

Bemerkung III.

59. Diese doppelte Beweisart beruht auf der zweifachen Art, wie man die Paare transformieren kann, ehe man sie zusammensetzt. Bei der ersten giebt man ihnen dieselben Hebelarme mit neuen Kräften, und das andere Mal dieselben Kräfte mit neuen Hebelarmen.

Man könnte den Satz auch noch auf eine dritte Art beweisen, ohne etwas an den gegebenen Paaren zu ändern. Denn sind $(P, \; -P)$ und $(Q, \; -Q)$ (Fig. 23*) die beiden Paare senkrecht zur Ebene des Dreiecks ABC an den respektiven Hebelarmen AB und AC und nehmen wir an, dass die Kräfte P und Q in B und C gleichen Sinn haben, so setzen sich offenbar diese Kräfte in eine einzige $(P+Q)$ von demselben Sinne zusammen, die in einem Punkte g der Basis BC angreift, welcher BC im umgekehrten Verhältnis von $P:Q$ teilt. Ebenso setzen sich $-P$ und $-Q$, welche in A wirken, in eine $-(P+Q)$ zusammen, die in A angreift. Setzt man also kurz $(P+Q)=R$, so erhält man das resultierende Paar $(R, \; -R)$, welches an Ag in einer zur Ebene des Dreiecks ABC senkrechten Ebene wirkt.

Jetzt ziehe man von dem Punkt g aus zu BC und AC zwei Parallele und vervollständige so das Parallelogramm $Algm$; dann ist es leicht zu zeigen, dass sich die Momente der drei Paare, nämlich

$$P \,.\, AB, \quad Q \,.\, AC, \quad R \,.\, Ag$$

verhalten wie die Seiten Al, Am und die Diagonale Ag dieses Parallelogramms $Algm$. Setzt man für die Kräfte P, Q, R die ihnen proportionalen Geraden Cg, Bg BC, so verhalten sich offenbar diese, wie die Produkte

$$Cg \,.\, AB, \quad Bg \,.\, AC, \quad BC \,.\, Ag \,.$$

Aus der Aehnlichkeit der Dreiecke folgt aber

$$Cg \,.\, AB = BC \,.\, Al \quad \text{und} \quad Bg \,.\, AC = BC \,.\, Am \,.$$

Substituiert man diese beiden neuen Produkte statt der zwei ersteren, und lässt dann aus allen dreien den gemeinschaftlichen Faktor BC fort, so erhält man die drei Momente aus der Proportion der einfachen Linien Al, Am, Ag, womit unser Satz bewiesen ist.

Es liessen sich diese Beweise noch mehr abändern, es giebt jedoch, wie wir im folgenden Paragraphen zeigen wollen, eine einfachere Art die Zusammensetzung der Paare darzustelllen.

Einfachere Weise, die Lehrsätze über die Zusammensetzung von Kräftepaaren darzustellen.

60. Anstatt die Lage eines Paares durch die Lage seiner Ebene zu bestimmen, kann man sie auch durch die Richtung irgend eines Lotes auf diese Ebene, welches wir die Axe des Paares nennen wollen, bestimmen. Da man ein Paar beliebig in seiner Ebene oder in jede andere Parallelebene versetzen kann (49), so kennt man offenbar die Lage dieses Paares, wenn man die Richtung seiner Axe kennt, denn indem man in einem beliebigen Punkte auf dieser Axe eine senkrechte Ebene errichtet, kann man diese Ebene als diejenige des gegebenen Paares ansehen.

Die Lage verschiedener paralleler Paare kann also durch eine einzige auf alle Paare senkrechte Gerade angegeben werden, welche gleichsam ihre gemeinschaftliche Axe ist.

Liegen die Paare in beliebigen Ebenen, so nimmt man der Deutlichkeit wegen zuerst an, man habe sie in respektive parallele Ebenen transponiert und in denselben beliebigen Punkt des Raumes versetzt, der so der gemeinschaftliche Mittelpunkt aller Paare wird. Zieht man nun von diesem Punkte als Anfangspunkt Lote auf die respektiven Ebenen, so ist die Lage der verschiedenen Paare durch diejenige von ebenso vielen Geraden gegeben, welche von demselben Punkte ausgehen, und dieselben Winkel mit einander einschliessen wie die Ebenen der gegebenen Paare.

Trägt man ferner von diesem Punkte A aus auf diese Geraden die Längen AL, AM, AN etc. auf, welche den respektiven Momenten dieser Paare, die wir durch L, M, N bezeichnen wollen, proportional sind, so reicht jede dieser bestimmten Geraden, wie z. B. AL, hin, um zugleich die Axe und Grösse des correspondierenden Paares L darzustellen.

Soll nun diese Gerade AL auch noch den Sinn in welchem das Paar wirkt angeben, (was zur vollständigen Bestimmung desselben notwendig ist), so braucht man nur eine ganz ähnliche Uebereinkunft wie bei den einfachen Kräften zu machen. Für eine in A angreifende, durch die Gerade AP dargestellte einfache Kraft P besteht nach (11) die Uebereinkunft darin, dass die Wirkung der Kraft immer von A nach P hin geht, oder dass die Kraft von A nach P zieht. Für ein am Mittelpunkte A wirkendes Paar L, dessen Axe und Grösse durch die Gerade AL dargestellt wird, wollen wir auf ähnliche Weise festsetzen, dass, wenn man sich in L stehend denkt und L als Nordpol betrachtet, wo man A als Südpol vor sich sieht, der Sinn des Paares oder der von ihm bewirkten Rotation von Osten nach Westen, oder von links nach rechts gerichtet ist, wie die scheinbare Bewegung der

Sonne. Es ist dies übrigens der Sinn, den wir gewöhnlich mit unseren Händen den rotierenden Instrumenten geben, und in diesem Sinne soll dann für uns das Paar wirken welches wir durch die Gerade AL darstellen.

Man könnte auch die umgekehrte Uebereinkunft treffen, wenn man nur den Sinn aller Paare in einer und derselben Figur und in der Darstellung desselben Lehrsatzes auf dieselbe Weise bestimmt.

Uebrigens reicht wie man sieht eine der beiden Uebereinkünfte, z. B. die erstere, aus. Denn soll etwa in der Figur ein Paar L' dargestellt werden, das dem Paare L entgegengesetzt ist, so geschieht dies gleichfalls durch eine Gerade AL', die aber auf der andern Seite von A in der Verlängerung von AL aufgetragen wird. Aus L' betrachtet rotiert offenbar dieses zweite Paar im angenommenen Sinne, also von links nach rechts, aus L betrachtet aber von rechts nach links und ist also dem ersten wirklich entgegengesetzt.

Durch diese Bestimmungsart der Paare und der damit verbundenen Angaben ihres Sinnes geschieht also wie man sieht die geometrische Darstellung von beliebig vielen auf einen Körper, in beliebigen Ebenen wirkenden Paaren auf dieselbe Weise wie die von ebenso vielen auf einen Punkt wirkenden Kräften; und man wird sogleich sehen, dass auch ihre Zusammensetzung nach ganz ähnlichen Gesetzen geschieht. Alles beruht auf dem Beweise des folgenden Lehrsatzes, welcher die Stelle des Lehrsatzes II. 55 vertritt, und der Satz vom Parallelogramm der Kräftepaare genannt werden könnte.

Lehrsatz.

61. Werden zwei Paare L und M ihren Axen und Grössen nach durch die beiden Seiten AL und AM eines Parallelogramms $ALGM$ dargestellt, so setzen sich die Paare zu einem einzigen G zusammen das seiner Axe und Grösse nach durch die Diagonale AG dieses Parallelogramms dargestellt wird.

Zieht man von A aus in der Ebene des Parallelogramms $ALGM$ (Fig. 24) zwei Gerade ll' und mm', welche zu den beiden Seiten AL und AM senkrecht und proportional sind und sich in A halbieren, und vollendet man dann die Parallelogramme $Algm$ und $Al'g'm'$, so sind diese offenbar einander gleich und dem gegebenen Parallelogramme $ALGM$ ähnlich. Mithin ist gg' ebenfalls senkrecht auf der Diagonale AG, mit AG proportional, und AG ist im Punkte A halbiert.

Man bringe nun auf ll' und mm' als Hebelarme in zur Figur senkrechten Ebenen zwei aus gleichen Kräften bestehende Paare $(P, -P)$ auf ll' und $(P, -P)$ auf mm' dergestalt an, dass nach der in (60) gemachten Uebereinkunft beide Paare von links nach rechts zu drehen streben, wenn man sie nach einander aus den Punkten L und M betrachtet. Diese beiden Paare können offenbar für diejenigen gesetzt werden, welche die

Seiten AL und AM darstellen, denn 1) liegen sie in zu diesen Seiten senkrechten Ebenen, 2) sind ihre Momente diesen Seiten proportional, und 3) entspricht ihr Sinn der festgesetzten Uebereinkunft. Diese beiden Paare setzen sich aber offenbar in ein einziges zusammen, das durch die Diagonale AG dargestellt wird; denn die beiden Kräfte P und P in l und m geben eine einzige parallele Kraft $2\ P$ von gleichem Sinne, in c angreifend, wo c der Mittelpunkt von lm und also auch die Mitte von Ag ist. Desgleichen geben die Kräfte $-P$ und $-P$ in l' und m' eine einzige Kraft $-2\ P$ in c', dem Mittelpunkte von Ag' angebracht. Das resultierende Paar ist also $(2\ P, -2\ P)$ an der Linie cc', oder einfacher $(P, -P)$ an der doppelten Geraden gg' angebracht. Dieses Paar ist aber senkrecht und proportional zur Diagonale AG und sucht gleichfalls von links nach rechts zu drehen, wenn es aus G betrachtet wird; damit ist unser Satz bewiesen.

Wir hätten diesen Satz aus einem der vorhergehenden Beweise ableiten können, wir zogen es aber vor, ihn an einer neuen Figur unmittelbar zu beweisen, damit man den relativen Sinn der drei betrachteten Paare desto besser übersehen möge.

Bemerkung I.

62. Offenbar kann man hier ganz analog dem (in 37) Gesagten beweisen, dass wenn zwei Paare in zwei sich schneidenden Ebenen oder in nicht parallelen Ebenen liegen, diese niemals ein resultierendes Paar geben können, das Null wäre, wenn nicht die beiden gegebenen Paare selbst zugleich Null sind.

Bemerkung II.

63. Sind die Ebenen der beiden zusammenzusetzenden Paare senkrecht zu einander, so sind es auch die beiden Axen AL, AM und man hat in dem Rechteck $ALGM$

$$AG^2 = AL^2 + AM^2.$$

Nennt man ferner die Winkel, welche die Seiten AL und AM mit der Diagonale AG bilden, α und β, so hat man

$$AL = AG\,.\cos\alpha;\ AM = AG\,.\cos\beta.$$

Bezeichnet man also einfach die drei respektiven Momente mit L, M, G so hat man für das Moment G

$$G^2 = L^2 + M^2$$

so dass

$$G = \sqrt{L^2 + M^2}$$

ist, und für die Winkel α und β, welche die Axe dieses Momentes mit den Axen der beiden andern Momente bildet

$$L = G \,.\, \cos\alpha, \quad M = G \,.\, \cos\beta$$

also

$$\cos\alpha = \frac{L}{G}, \quad \cos\beta = \frac{M}{G}.$$

Bemerkung III.

Ist allgemein φ der Winkel, den die beiden Componentenpaare oder ihre Axen AL und AM mit einander bilden, so hat man in dem Parallelogramm $ALGM$

$$AG^2 = AL^2 + AM^2 + 2\,AL \,.\, AM \cos\varphi$$

und folglich:

$$G^2 = L^2 + M^2 + 2\,LM \cos\varphi.$$

so dass das resultierende Paar G durch die Componentenpaare L und M und den Neigungswinkel φ derselben ausgedrückt ist.

Wäre $\varphi = o$ also $\cos\varphi = 1$, so wird

$$G = L + M$$

was mit den früheren Lehren übereinstimmt, weil dann die Paare in derselben Ebene liegen und denselben Sinn haben, sich also zu einem Paare zusammensetzen, das gleich ihrer Summe ist.

Wäre $\varphi = 180^\circ$ also $\cos\varphi = -1$, so ist

$$G = L - M$$

wie dies auch sein muss, da dann die Paare entgegengesetzten Sinn haben und sich zu einem Paare zusammensetzen, das ihrer Differenz gleich ist.

Ist $\varphi = 90^\circ$ also $\cos\varphi = o$ so hat man

$$G = \sqrt{L^2 + M^2}$$

wie oben.

Bemerkung IV.

Von der Zerlegung zweier Paare geht man leicht zu der Zerlegung beliebig vieler Paare über, und man erhält hier offenbar ganz analoge Sätze wie bei den einfachen Kräften um einen Punkt. Wir glauben jedoch nachstehenden Lehrsatz wegen seiner häufigen Anwendung in der Mechanik besonders aussprechen und beweisen zu müssen.

Lehrsatz.

64. Drei Paare, welche ihren Axen und ihren Grössen nach durch die drei anstossenden Kanten eines Parallelopipedon's dargestellt werden, setzen sich stets in ein einziges Paar zusammen, das seiner Axe und Grösse nach durch die Diagonale dieses Parallelopipedons dargestellt wird.

Es mag $A \ldots G$ (Fig. 25) das Parallelopipedon sein, die Seiten AL, AM, AN mögen die Axen und Momente der drei Paare darstellen.

Die beiden durch die Seiten AL und AM des Parallelogramms $ALOM$ dargestellten Paare setzen sich in eines zusammen, das seiner Axe und Grösse nach durch die Diagonale AO dieses Parallelogramms angegeben wird. Dann setzt sich dieses Paar mit dem durch AN dargestellten dritten Paare in ein Paar zusammen, welches durch die Diagonale AG des Parallelogramms $ANGO$ dargestellt wird. Diese Diagonale ist aber zugleich die Diagonale des Parallelopipedons.

65. Man sieht hier wie in (42), dass drei in den drei Ebenen einer körperlichen Ecke wirkende oder sich in einem Punkte schneidenden Paare nie ein resultierendes Paar gleich Null haben können, wenn nicht alle drei Paare zugleich selbst Null sind.

Bemerkung.

66. Ist das Parallelopipedon rechtwinklig, und sind L, M, N die zusammenzusetzenden, G das resultierende Moment, so ist

$$G^2 = L^2 + M^2 + N^2.$$

Sind λ, μ, ν die drei Winkel, welche die Diagonale oder vielmehr die Axe des resultierenden Paares mit den drei Axen der drei gegebenen Paare einschliesst, so hat man

$$L = G \cos \lambda; \quad M = G \cos \mu; \quad N = G \cos \nu$$

und folglich

$$\cos \lambda = \frac{L}{G}; \quad \cos \mu = \frac{M}{G}; \quad \cos \nu = \frac{N}{G}.$$

Soll man also das resultierende Moment G aus den drei gegebenen Momenten L, M, N, deren Axen rechtwinklig sind, berechnen, so ist

$$G = \sqrt{L^2 + M^2 + N^2}$$

und für die Winkel λ, μ, ν, welche diese Axe mit den drei Componentenpaaren bildet, hat man:

$$\cos\lambda = \frac{L}{\sqrt{L^2+M^2+N^2}}$$

$$\cos\mu = \frac{M}{\sqrt{L^2+M^2+N^2}}$$

$$\cos\nu = \frac{N}{\sqrt{L^2+M^2+N^2}}.$$

Will man umgekehrt ein Paar G in drei andere zerlegen, die in drei senkrecht aufeinander stehenden Ebenen liegen, oder deren Axen rechtwinklig zu einander sind, so hat man als respektive Werte der zusammenzusetzenden Momente

$$L = G\cos\lambda;\quad M = G\cos\mu;\quad N = G\cos\nu$$

wo λ, μ, ν die drei Winkel sind, welche die Axe des gegebenen Paares mit den Axen der gesuchten znsammenzusetztenden Paare bildet.

67. Wir wollen uns übrigens bei diesen Einzelheiten nicht länger aufhalten, und bemerken nur noch, dass zwischen den sieben Grössen L, M, N, G, $\cos\lambda$, $\cos\mu$, $\cos\nu$ die vier Gleichungen stattfinden

$$G^2 = L^2 + M^2 + N^2$$

$$L = G\cos\lambda;\quad M = G\cos\mu;\quad N = G\cos\nu,$$

aus denen man, wenn drei von ihnen bekannt sind, die vier anderen finden kann.

Man muss jedoch den Fall ausnehmen, wo man nur die drei Winkel λ, μ, ν kennt, denn aus ihnen kann man nur das Verhältnis der Momente L, M, N, G zu einander bestimmen.

Allgemeiner Schluss aus diesem Kapitel.

Zusammensetzung beliebig im Raume gerichteter Kräfte.

68. Es seien beliebig viele Kräfte P, $P_{,}$, $P_{,,}\ldots$ auf beliebige Weise im Raume an irgend einem freien Körper oder freiem Systeme angebracht.

Wir wollen zuerst eine dieser Kräfte, z. B. $P_{,}$ (Fig. 26) betrachten, die im Punkte B angebracht ist; man bringe dann in dem beliebig angenommenen Punkte A des Körper oder ausserhalb desselben (doch auf unveränderlich feste Weise damit verbunden) zwei gleiche, entgegengesetzte Kräfte P', $-P'$ an, welche der Kraft P gleich und parallel sind. Dadurch kann sich in dem Zustand des Systemes nichts ändern. Statt der Kraft P in B kann man nun aber die Kraft P' in A und das Paar $(P, -P')$ am Arme AB betrachten. Bringt man der grösseren Deutlichkeit halber dieses Paar in eine beliebige andere Parallelebene, so hat man in A nur noch die Kraft P', welche gleich und parallel zu P ist und so betrachtet werden kann, als hätte man die Kraft P aus B parallel zu sich selbst nach A versetzt.

Nimmt man dieselbe Verwandlung mit allen anderen auf das System wirkenden Kräften in Bezug auf denselben Punkt A vor, so ist klar, dass sich in diesem Punkt alle Kräfte parallel zu sich selbst vereinigen, dass man aber überdies auch durch die Transposition ebenso viele auf das System wirkende Paare erhält. Alle in A wirkenden Kräfte werden sich nur in eine einzige Kraft R (Fig. 27) und alle Paare in ein einziges an einer gewissen Geraden BC wirkendes Paar $(S, -S)$ zusammensetzen.

Man hat also den Satz: **Beliebig viele auf beliebige Weise an einem Körper wirkende Kräfte lassen sich immer auf eine einzige durch einen beliebig gegebenen Punkt gehende Kraft und ein einziges Paar reducieren, dessen Ebene im Allgemeinen gegen die Richtung der Kraft geneigt sein wird.**

Wir wollen sogleich bemerken, dass die Grösse, Richtung und der Sinn der Resultante R immer dieselben sind, wo man auch den Punkt A angenommen haben mag. Verändert man die Lage dieses Punktes, so wird dadurch nur die Resultante R parallel zu sich selbst an verschiedene Orte des Raumes versetzt. Die Ebene und die Grösse des Paares $(S, -S)$ aber ändern sich notwendig.

Unter den unzählig vielen Reductionen in Bezug auf alle Punkte A des Raumes giebt es eine von allen anderen ausgezeichnete, bei welcher die Ebene des resultierenden Paares senkrecht zur Richtung der Resultante ist. Man kann dies hier auf eine sehr einfache Weise zeigen. Denn da alles schon auf die einzige Kraft R und das eine Paar $(S, -S)$ in Bezug auf einen bekannten Punkt A reduciert ist, so denke man sich dieses Paar $(S, -S)$ in zwei andere zerlegt, von dem das eine $(T, -T)$ in eine zur Richtung der Resultante senkrechte Ebene fällt, die andere $(V, -V)$ dagegen fällt in eine Ebene, welche durch diese Richtung AR geht. Wenn man in dieser Ebene, in der sich das Paar $(V, -V)$ und die Kraft R befinden, diese Kraft parallel mit sich selbst von A nach O nach einer solchen Seite und in eine solche Entfernung AO verlegt, dass das Paar $(R, -R)$, welches aus dieser Verlegung entsteht, gleich und entgegengesetzt dem Paare $(V, -V)$ ist und dasselbe aufhebt, so wird nur noch die Kraft R übrig bleiben, die an dem neuen Punkte O mit dem einzigen Paare

$(T, -T)$ angebracht ist, das in einer zur Richtung dieser Kraft senkrechten Ebene liegt. Beliebig viele Kräfte lassen sich also stets auf eine einzige Kraft und ein Kräftepaar reducieren, dessen Ebene senkrecht zur Richtung der Kraft ist. Es giebt also immer im Raume eine gewisse bestimmte Gerade OR, welche sowohl die Richtung der Resultante als auch die Axe des resultierenden Kräftepaares darstellen kann.

Diese Reduction ist die einzige; ich will sagen es giebt keinen anderen Ort im Raume, wo man das resultierende Kräftepaar senkrecht zur Resultante finden kann. Denn nach welcher Seite hin man jetzt auch die Kraft R aus ihrer gegenwärtigen Lage OR versetzen mag, sie wird ein Paar $(R, -R)$ senkrecht zu dem Paare $(T, -T)$ erzeugen, und setzt man diese beiden Paare zu einem einzigen zusammen, so wird dieses neue resultierende Paar notwendig gegen das Paar $(T, -T)$ geneigt und selbst viel grösser sein, da die beiden Componenten rechtwinklig zu einander sind. Daraus sieht man, dass das Paar $(T, -T)$ nicht nur das einzige ist, das senkrecht auf der Richtung der Resultante steht, sondern dass es auch das kleinste aller resultierenden Paare ist, die man in Bezug auf alle Punkte des Raumes finden kann. Man sieht aber auch zugleich, dass für Punkte, die in gleichen Entfernungen von dieser Geraden OR um dieselbe herum liegen, die resultierenden Paare gleiche Werte haben und in verschiedenen Ebenen liegen, die aber gegen diese Axe OR gleich geneigt sind. Man kann deshalb diese Axe auch die Centralaxe der Kräftepaare und des Systems nennen. Entfernt man sich von dieser Axe, so findet man immer grössere Paare, die ohne Grenzen wachsen; alle aber haben die gemeinschaftliche Eigenschaft, dass jedes von ihnen, geschätzt auf der zur constanten Richtung der Kraft R senkrechten Ebene, dasselbe Paar $(T, -T)$ giebt. Daraus sieht man, dass man den Wert dieses Minimal-Paares sofort erhält, wenn man irgend ein resultierendes Paar $(S, -S)$ mit dem cosinus seiner Neigung gegen die Ebene, um welche es sich handelt, multipliciert.

Ich nehme diese Centralaxe, vermittelst deren eine so klare Reduction aller Kräfte des Systems möglich ist nur an, um alle anderen gleichwertigen Reductionen klar zu legen und sie, um so zu sagen, in ein einziges Bild zu gruppieren, aus dem man auf den ersten Blick die Ordnung und gegenseitige Abhängigkeit derselben erkennt.

Ich habe diese Theorie in meiner Abhandlung: Ueber die Momente und Flächen weiter entwickelt, aber ich muss mich hier auf allgemeine Folgerungen beschränken, die auf die Elemente der Statik am meisten Bezug haben.

Folgerung.

Diese Folgerung enthält die Gesetze des Gleichgewichts für jedes freie System.

69. Ein Paar kann nie durch eine einfache Kraft im Gleichgewicht erhalten werden, mag diese nun im Raume gerichtet sein, wie sie will.

Es folgt also aus dem Gesagten, dass in einem Systeme nie Gleichgewicht sein kann, wenn nicht die Resultante R der Kräfte selbst Null, und zugleich das Moment des resultierenden Paares $(S, -S)$ Null ist.

Es müssen also alle auf das System wirkenden, parallel zu sich selbst in irgend einen Punkt des Systems oder des Raumes transponierten Kräfte sich das Gleichgewicht halten, und zugleich alle aus dieser Transposition entstehenden Paare im Gleichgewichte sein.

Bemerkung.

70. Es sind dies für irgend ein freies unveränderliches System die beiden notwendigen aber auch hinreichenden Bedingungen, d. h. ohne sie kann kein Gleichgewicht bestehen, und es findet notwendig Gleichgewicht statt, wenn diese Bedingungen erfüllt sind.

Um diese beiden Bedingungen zu entwickeln muss man auf den Wert der Resultante R und des resultierenden Paares $(S, -S)$ mit Beibehaltung der Gesetze, welche die Resultante an die zusammenzusetzenden Kräfte, und das resultierende Paar an die zusammenzusetzenden Paare knüpfen, zurückgehen, dann die Kraft R und das Paar $(S, -S)$ jedes gleich Null machen, und die daraus für die auf das System wirkenden primitiven Kräfte entspringenden Bedingungen betrachten. Man erhält also dann die Bedingungen des Gleichgewichtes ausgedrückt durch die unmittelbar in der Aufgabe gegebenen Kräfte, und man hat so die Lösung des Problems, das wir im Auge hatten.

Alle diese Entwickelungen, welche den obigen Grundsätzen gemäss nur Gegenstand der Geometrie und der Rechnung sind, sollen den Gegenstand des folgenden Kapitels ausmachen.

Folgerung II.

Hierin sind alle notwendigen Bedingungen enthalten, unter denen alle auf ein System wirkenden Kräfte eine einzige Resultante haben, falls sie nicht im Gleichgewicht sind.

71. Es mögen jetzt alle an einem System wirkenden Kräfte auf die angeführte Weise auf eine einzige Kraft und ein Paar reduciert sein, und wir wollen annehmen, dass diese Kraft R sich mit dem Paare $(S, -S)$ in eine einzige Kraft vereinigen liesse, oder dass eine einzige Kraft R' der Kraft R und dem Paare $(S, -S)$ das Gleichgewicht halten könne.

Da unter den Kräften R, R' und dem Paare $(S, -S)$ Gleichgewicht sein soll, so müssen die beiden Kräfte R und R' ein Paar bilden, das dem Paare $(S, -S)$ gleichwirkend ist und in derselben Ebene oder in einer Parallelebene, was hier gleich ist, liegt.

Denn es können nur drei Fälle eintreten: entweder lassen sich die Kräfte R und R' in eine einzige vereinigen, und dann kann diese Resultante nicht dem Paare (S, $-S$) das Gleichgewicht halten, oder sie vereinigen sich in eine Kraft und ein Paar, und dann lassen sich dieses Paar und das Paar (S, $-S$) in ein einziges vereinigen, welches mit der Kraft nicht im Gleichgewicht sein kann, oder endlich vereinigen sie sich in ein einziges Paar, und dieser letzte Fall ist der allein mögliche.

Es müssen also die beiden Kräfte R und R' zusammen ein Paar bilden. Damit aber dieses Paar mit dem Paare (S,$-S$) im Gleichgewicht sei, muss jenes in derselben oder in einer Parallelebene liegen, denn sonst lassen sich die beiden Paare immer in ein einziges vereinigen, das nicht $= 0$ sein kann (62), in welchem Falle also auch nie Gleichgewicht stattfinden kann. Es muss also die Richtung der Resultante R parallel zur Ebene des resultierenden Paares (S,$-S$) sein. Folglich können alle auf ein System wirkenden Kräfte sich nicht auf eine einzige reducieren lassen, wenn nicht die Resultante aller dieser in einen einzigen Punkt parallel zu sich selbst transponierten Kräfte eine zu der Ebene des resultierenden Paares parallele Richtung hat, wo im Raume man auch den zur Transposition der Kräfte gewählten Punkt angenommen haben mag.

Diese Bedingung ist notwendig und sie genügt auch offenbar im allgemeinen; denn falls wenigstens die Resultante R nicht Null ist, so kann man immer auf das System eine Kraft R' wirken lassen, welche der Kraft R gleich, parallel und entgegengesetzt ist und mit ihr ein Paar (R, $-R$), entgegengesetzt wirkend mit dem Paare (S, $-S$), und mit einem gleichwertigen Momente bildet. Diese nach entgegengesetztem Sinne genommene Kraft ist dann die allgemeine Resultante.

Uebrigens kann man diese Resultante unmittelbar nehmen; denn wenn die Kraft R im Punkte A parallel zur Ebene des Paares (S, $-S$) ist, so kann man dieses Paar R immer in die Ebene der Kraft R transponieren, und dann lassen sich die drei in derselben Ebene liegenden Kräfte R, S und S' immer in eine einzige der Kraft R gleiche und parallele Kraft zusammensetzen, welche dann die gemeinschaftliche Resultante aller Kräfte sein wird.

72. Im Falle wo die Kraft R Null ist, erhält man nicht eine einzige Resultante, weil alle Kräfte des Systems auf ein einziges Paar (S,$-S$) reduciert sind, welches sich nie in eine einzige Kraft vereinigen lässt. Zu der vorigen Bedingung also, dass die Kraft R parallel zur Ebene des Paares (S, $-S$) sein müsse, muss noch die besondere hinzugefügt werden, dass die Kraft R nicht Null sein darf, (wenigstens wenn nicht Gleichgewicht vorhanden ist, in welchem Falle dann sowohl die Kraft R als das resultierende Paar gleich Null sein wird, wo man also eine einzige Resultante annehmen könnte, die Null wäre, im übrigen aber eine beliebige Lage und Richtung im Raume haben könnte. Den Fall des Gleichgewichts haben wir aber ausgeschlossen).

Bemerkung I.

73. Befinden sich das resultierende Paar $(S, -S)$ (Fig. 28) und die Kraft R nicht in Parallelebenen, so giebt es nie eine einzige Resultante. Transponiert man in diesem Falle das Paar $(S, -S)$ parallel zu seiner Ebene, bis das Ende B oder C seines Hebelarmes in den Punkt A fällt, wo sich dann die beiden Kräfte R und S im Punkte A in eine einzige T zusammensetzen, so sind alle Kräfte des Systems auf zwei, nicht in derselben Ebene liegende Kräfte T und $-S$ reduciert.

Hieraus sieht man zuerst, dass beliebig viele, auf beliebige Weise im Raume gerichtete Kräfte sich immer wenigstens auf zwei Kräfte reducieren lassen, die nicht in derselben Ebene liegen.

Diese Reduction kann aber offenbar auf unzählige Weisen geschehen, selbst mit Beibehaltung desselben Punktes A, worin die Kräfte vereinigt werden. Denn das Paar $(S, -S)$ lässt sich in unzählige andere gleichwirkende verwandeln, und um seine Axe in eine beliebige Lage drehen, sodass man also unzählig verschiedene Systeme der zwei resultierenden, nicht in derselben Ebene liegenden Kräfte erhalten kann.

Unter diesen Systemen kann man dann dasjenige auswählen, bei dem die eine Kraft senkrecht zur Ebene des Paares, und die andere parallel dazu ist; denn denkt man sich die Resultante R in zwei Kräfte zerlegt, in V senkrecht und in U parallel zur Ebene des Paares $(S, -S)$, so setzen sich die Kraft U und das parallele Paar $(S, -S)$ immer in eine einzige U', gleich und parallel zu U zusammen, und alle angebrachten Kräfte sind also auf zwei Kräfte V und U' reduciert, die im Raume senkrecht auf einander gerichtet sind. Beliebige Kräfte können also stets auf zwei zu einander senkrechte Kräfte reduciert werden, von denen eine durch einen beliebig gegebenen Punkt A geht. Indess hat diese Reduction, die übrigens noch eine Ausnahme erleidet, kaum einen grösseren Nutzen als die vorige, und wir wollen uns deshalb nicht länger dabei aufhalten.

Bemerkung II.

74. Die einzige bemerkenswerte Folgerung ist aber die Umkehrung dieses Satzes: Zwei nicht in derselben Ebene liegende Kräfte können nie eine einzige Resultante haben; denn man kann stets annehmen, dass diese beiden Kräfte aus einer anderen Kraft und einem ihr nicht parallelen Paare hervorgegangen sind.

Um jedoch den Satz direct zu beweisen, sei AB (Fig. 29) das gemeinschaftliche Lot auf die Richtungen der beiden nicht in derselben Ebene liegenden Kräfte P und Q, von denen jedoch keine Null sein soll. Man transponiere nun P parallel zu sich selbst von B nach A, und man hat dann zwei Kräfte P' und Q an demselben Punkte A, und ein Paar

$(P, -P')$ an AB. Die beiden Kräfte P' und Q an A bilden der Annahme zufolge einen gewissen Winkel QAP' mit einander, setzen sich also zu einer Kraft R zusammen, die in das Innere dieses Winkels QAP' fällt. Diese Kraft R kann aber nicht parallel zu der Ebene des Paares $(P, -P')$ sein, weil sie mit dieser Ebene einen Winkel BAP' bildet, der nie Null sein kann, wenn nicht etwa Q Null ist, was gegen die Annahme wäre. Es haben also (nach 71) zwei nicht in derselben Ebene liegende Kräfte P und Q niemals eine einzige Resultante, ein Satz, den man gewöhnlich als evident ansieht, der aber eines Beweises bedarf.

Bemerkung III.

75. Es ist dies übrigens der einzige allgemeine Fall, wo man sicher sein kann, dass mehrere Kräfte sich nicht auf eine einzige zurückführen lassen; denn sobald man auch nur drei Kräfte betrachtet, so können diese unserer Theorie zufolge eine einzige Resultante haben, selbst wenn die Richtungen dieser drei Kräfte im Raume sich nicht schneiden.

Es mögen in der That die drei Kräfte P, Q, R so beschaffen sein, wie wir sie annehmen, so dass sie je zwei und zwei nicht in derselben Ebene liegen, oder selbst so, dass, wenn zwei von ihnen in derselben Ebene liegen, die dritte weder mit der ersten noch mit der zweiten in derselben Ebene liegen kann.

Man nehme zwei dieser Kräfte, P und Q, welche nicht in derselben Ebene liegen, und denke sie sich in einen und denselben Punkt A auf der Richtung der dritten Kraft R transponiert. Diese beiden Kräfte P und, Q setzen sich in eine einzige Kraft V zusammen und geben zwei Paaret welche sich in ein einziges $(S, -S)$ zusammensetzen, dessen Ebene nicht durch die Richtung AV der Kraft V geht (74).

Fiele nun die Resultante der beiden Kräfte V und R, welche an A wirken, in die Ebene des durch denselben Punkt A gehenden Paares $(S, -S)$, so würden sich die drei gegebenen Kräfte P, Q, R auf eine einzige reducieren lassen (71). Ohne aber die Richtung der Kraft R zu verändern, kann man über ihre Grösse und ihren Sinn so verfügen, dass die Resultante V und R sich in die Ebene der beiden Kräfte um den Punkt A drehen lässt, nach dem Durchschnitte dieser Ebene mit der Ebene des Paares $(S, -S)$ gerichtet ist, und folglich in die Ebene des Paares selbst fällt. Richtet man also die Grösse und den Sinn einer der drei Kräfte P, Q, R passend ein, ohne ihre gegenseitige Lage zu ändern, so lassen sich immer diese drei Kräfte im allgemeinen auf eine einzige reducieren.

Ich sage im allgemeinen; denn es giebt einen besonderen Fall, wo dies nicht geschieht, wenn nämlich P und Q ein gewisses Verhältnis zu einander haben und man sich darauf beschränkt, nur die dritte Kraft R zu ändern; denn tritt der Fall ein, dass infolge dieses Verhältnisses von P zu Q der Durchschnitt der Ebene VAR mit der Ebene des Paares die Richtung AR der dritten Kraft ist, so kann die Resultante von V und R nicht die Richtung AR haben, ohne dass R unendlich gross wäre, was nicht möglich ist.

Aber auch in diesem besonderen Falle wird, sobald man das Verhältnis von P und Q, oder auch nur den Sinn einer dieser Kräfte ändert, das aus der Versetzung nach A resultierende Paar $(S, -S)$ nicht mehr in die Richtung der dritten Kraft R fallen; denn ginge nun noch die Ebene des Paares durch dieselbe Gerade AR, so würde daraus folgen, dass AR der gemeinschaftliche Durschnitt beider Ebenen wäre, worin die zusammensetzenden Paare des Paares $(S, -S)$ liegen, dass also die Kraft R in der Ebene von P und in der Ebene von Q zugleich liege, was wider die Annahme ist.

Liegen also von drei Kräften P, Q, R nicht mehr als höchstens zwei in derselben Ebene, so kann man diese drei Kräfte immer auf eine einzige reducieren, ohne ihre Richtungen im Raume zu verändern.

Der einzige Fall, wo drei Kräfte durch ihre blosse Lage im Raume sich nie auf eine einzige reducieren lassen, ist der, wo, wenn diese Kräfte zwei zu zwei betrachtet werden, nur zwei derselben nicht in derselben Ebene liegen. Bei einer solchen Lage wird man niemals die Kräfte auf eine einzige reducieren können, welche Grössenverhältnisse man ihnen auch geben mag.

Bemerkung IV.

76. Da es wohl unbestreitbar ist, dass ein Kräftepaar um einen festen Punkt, z. B. um den Mittelpunkt seines Hebelarmes, nicht im Gleichgewicht sein kann, so hat man den Unterschied zwischen dem Gleichgewichte mehrerer auf einen Körper, der sich um einen festen Punkt drehen soll, wirkenden Kräfte, und dem Gleichgewicht mehrerer auf eben diesen Körper wirkenden Paare wohl zu beachten.

Im ersten Falle ist es nicht notwendig, dass die Resultante der Kräfte Null sei, sondern sie braucht nur durch den festen Punkt zu gehen, wo sie dann vernichtet wird.

Im zweiten Falle muss das aus den an dem Körper angebrachten Paaren resultierende Paar in sich notwendig Null sein, als wäre kein fester Punkt im Körper vorhanden; denn ist das resultierende Paar nicht in sich Null, so transponiere man es der grösseren Deutlichkeit wegen so, dass der Mittelpunkt seines Hebelarmes in den festen Punkt fällt; dann können die beiden Kräfte offenbar um diesen Punkt nicht im Gleichgewicht sein.

Ebenso sind sie selbst dann nicht im Gleichgewicht, wenn in dem Körper eine feste Axe vorhanden ist, falls nicht die Ebene des Paares durch diese Axe geht oder mit ihr parallel ist, was hier dasselbe ist (49).

Wirken also verschiedene beliebig im Raume gerichtete Kräftepaare auf einen Körper oder ein System, welches der Bedingung unterworfen ist, um einen festen Punkt zu rotieren, so sind die Bedingungen des Gleichgewichts völlig dieselben, als wenn der Körper oder das System ganz frei wäre.

Dasselbe findet für eine feste Axe statt, wenn nur die Paare so verteilt sind, dass ihr resultierendes Paar nicht zu dieser Axe parallel ist, was im allgemeinen nicht der Fall sein wird, wenn nicht alle Paare in Parallelebenen liegen, welche die feste Axe schneiden.

Kapitel II.

Ueber die Bedingungen des Gleichgewichts.

77. Wir haben in (68) gesehen, dass jede auf ein System in irgend einem Punkte B (Fig. 26) wirkende Kraft P in eine andere gleiche, parallele und gleichgerichtete Kraft P', die an einem anderen im Raume beliebig gewählten Punkte A angebracht ist, und in ein Paar $(P, -P)$ verwandelt werden kann, das an AB wirkt, und dessen Energie durch das Moment $P.AJ$ gemessen wird, wo AJ das aus dem Punkte A auf die Richtung der Kraft P gefällte Lot ist; ferner, dass auf diese Weise das System als von der Resultante aller der Kräfte, die sich gewissermassen parallel zu sich selbst in den Punkt A transponiert haben, und von dem resultierenden Paare aller der durch diese Transpositionen entspringenden Paare getrieben betrachtet werden kann. Wir haben ferner gesehen, dass für den Zustand des Gleichgewichts sowohl jene Resultante, als auch das Moment des resultierenden Paares zugleich Null sein müssen.

Wir könnten nun zugleich diese beiden Bedingungen für den allgemeinen Fall eines von beliebig vielen Kräften im Raume getriebenen Körpers oder Systems aufstellen und daraus dann die Bedingungen des Gleichgewichts für alle einzelnen, vorkommenden, besonderen Fälle ableiten. Weil jedoch unser Fortschreiten im Verlaufe dieses Kapitels ein durchaus gleichförmiges sein muss, oder weil vielmehr alle Lehren desselben aus einem und demselben Principe hervorgehen, so wollen wir lieber erst einige besondere einfache Fälle vornehmen, ehe wir die Frage allgemein betrachten. Uebrigens werden wir dabei Gelegenheit haben, mehrere Lehrsätze über die Momente mitzuteilen, von denen in der Statik häufig Anwendung gemacht wird.

Ist man einmal zu dem allgemeinen Lehrsatz für das Gleichgewicht gelangt, so ist die Sache abgethan, weil alle besonderen Fälle in ihm enthalten sind, die wir vor ihm behandelt haben.

I.

Vom Gleichgewichte in derselben Ebene liegender Parallelkräfte.

78. Es mögen $P, P', P'', P''', \ldots$ (Fig. 30) die verschiedenen Parallelkräfte sein. Aus einem beliebig in ihrer Ebene angenommenen Punkte A

fälle man ein gemeinschaftliches Lot auf ihre Richtungen, welches diese respektive in den Punkten $B, C, D, \ldots$ schneidet.

Wir wollen nun zuerst die Kraft P betrachten und im Punkte A zwei gleiche entgegengesetzte Kräfte P und $-P$ anbringen, die der ersteren Kraft gleich nnd parallel sind, und man erhält dann statt der einfachen Kraft P in B eine gleiche und parallele Kraft in A, und ein an AB wirkendes Paar $(P, -P)$, dessen Moment $P.AB$ ist. Ebenso substituiere man statt der Kraft P' in C eine gleiche, parallele und gleich gerichtete Kraft in A, und ein Paar $(P', -P')$, das an AC wirkt, und dessen Moment $P.AC$ ist. Ebenso für P'' etc.

Versetzt man der grösseren Deutlichkeit wegen alle Paare in dieselbe Ebene, so bleiben im Punkte A nur die Kräfte $P, P', P'' \ldots$, die den ursprünglich gegebenen in $B, C, D \ldots$ wirkenden Kräften gleich und parallel sind und denselben Sinn haben.

Für den Zustand des Gleichgewichts muss nun 1) die Resultante aller der in A angebrachten Kräfte in sich Null sein. Da aber alle diese Kräfte in derselben Richtung wirken, so ist ihre Resultante gleich ihrer Summe, und deshalb hat man

$$P + P' + P'' + \cdots = 0$$

als erste Bedingung des Gleichgewichts. (Ueber die Bedeutung des Wortes Summe, hier und im Folgenden, sehe man die Bemerkung (79) nach).

2) Muss auch das aus allen Momenten der Paare resultierende Moment in sich Null sein. Dies resultierende Moment ist nun gleich der Summe aller zusammenzusetzenden Momente, weil alle Paare in derselben Ebene liegen. Bezeichnet man der Kürze wegen mit $p', p'', p''' \ldots$ die respektiven Hebelarme $AB, AC, AD \ldots$, so hat man als zweite Bedingung für den Gleichgewichtszustand

$$Pp + P'p' + P''p'' + \cdots = 0.$$

Bemerkung.

79. Betrachtet man in der ersten Gleichung die Kräfte, welche nach einem Sinne wirken, als positiv, so hat man offenbar die nach dem entgegengesetzten Sinne wirkenden als negativ anzusehen. Wir wollen nun in Zukunft diejenigen Kräfte als positiv ansehen, welche wie P' aufwärts von der Geraden AD wirken, und folglich als negativ die nach unterhalb von dieser Geraden wirkenden Kräfte, wie P, P''. Auf diese Weise lässt sich dann mit Recht sagen, dass die Summe der Kräfte für den Gleichgewichtszustand Null sein muss.

Was die Zeichen der Momente Pp, $P'p'$,..... in der zweiten Gleichung betrifft, so hat man zweierlei zu beachten, 1) das Zeichen der Kraft, und 2) das Zeichen des Hebelarmes.

Nimmt man an, die Kraft P ändere ihr Zeichen, bleibe aber auf derselben Seite von A, so wird offenbar das in Rücksicht auf den Punkt A entstehende neue Paar den entgegengesetzten Sinn wie das vorige Paar haben. Es ändert also das Moment Pp sein Zeichen, wenn die Kraft P ihr Zeichen ändert.

Behielte aber die Kraft P ihr Zeichen, wirkte aber auf der anderen Seite von A im Punkte B', so ist das in Rücksicht auf den Punkt A daraus hervorgehende neue Paar offenbar von entgegengesetztem Sinne mit dem ersten, und das Moment Pp ändert also sein Zeichen, wenn der Hebelarm p es ändert.

Nimmt man die auf der einen Seite von A, z. B. auf der rechten, liegenden Hebelarme, z. B. AB, als die positiven an, so sind die Hebelarme auf der linken Seite von A, z. B. AB', in Bezug auf den Punkt A negativ, man kann also stets behaupten, dass die Summe der Momente für den Gleichgewichtszustand Null sein muss, wenn man nur den Kräften und Hebelarmen die passenden Zeichen giebt.

Folgerung.

80. Wir wollen nun annehmen, die Kräfte P, P', P''.... seien nicht im Gleichgewicht, hätten jedoch eine einzige Resultante R, und eine einzige Kraft $-R$ sei im Stande ihnen das Gleichgewicht zu halten. Die beiden vorigen Gleichungen müssen dann auch gelten, wenn man in sie die Kraft $-R$ einführt. Man hat dann also zuerst

$$P + P' + P'' + \cdots - R = 0$$

oder

$$R = P + P' + P'' + \cdots$$

d. h. die Resultante ist gleich der Summe aller Componenten: ein Satz, den wir schon kennen gelernt haben.

Nimmt man zweitens r als die Entfernung vom Punkte A an, so hat man:

$$Pp + P'p' + P''p'' + \cdots - Rr = 0$$

oder

$$Rr = Pp + P'p' + P''p'' + \cdots$$

d. h. das Produkt der Resultante in ihre Entfernung r von irgend einem in der Ebene der Kräfte angenommenen Punkte A ist gleich der Summe aller ähnlichen Produkte aus den Componenten in ihre respektiven Entfernungen von demselben Punkte.

Dividiert man die letzte Gleichung durch R und setzt dann statt dieser Grösse den Wert $P + P' + P'' + \ldots$ ein, so erhält man

$$r = \frac{Pp + P'p' + P''p'' + \cdots}{P + P' + P'' + \cdots}.$$

Dadurch also ergiebt sich der Wert der Entfernung der Resultante vom Punkte A und folglich auch ihre Lage, weil sie, wie man weiss, den Componenten parallel sein muss.

Bemerkung.

81. Die Produkte Pp, $P'p'$, $P''p''\ldots$ sind das, was man gewöhnlich Momente der Kräfte nennt. Man verbindet jedoch hier mit dem Worte Moment keine andere Idee als die eines einfachen, aus zwei Zahlen hervorgehenden Produktes, deren eine die Kraft, die andere ihre Entfernung von einem Punkte ausdrückt, während wir unter Moment das Mass einer besonderen Kraft, d. h. die Energie des Paares verstehen, welches aus der Kraft entsteht, wenn man diese parallel zu sich selbst in den betrachteten Punkt transponiert. Da aber hier, wie in den meisten Werken über Statik, das Moment eine wirkliche Zahlengrösse darstellt, so haben wir trotz der Verschiedenheit der Idee, welche wir damit verbinden, das Wort Moment, das einmal durch den Gebrauch geheiligt ist, beibehalten, um so mehr, da dieses Wort unsere Idee besser ausdrückt als die gewöhnliche. In dem lateinischen Worte momentum, aus dem das Wort Moment abgeleitet ist, liegt der Begriff des Gewichts oder der Kraft, oder genauer der Begriff vom Vermögen einer Kraft im Verhältnis zu ihrer Grösse und zum Hebelarm, an welchem sie wirkt.

Da wir übrigens nur von dem einfachen numerischen Produkt einer Kraft in ihre Entfernung von einem Punkte, einer senkrechten Axe oder einer zu der Richtung der Kraft parallelen Ebene sprechen werden, so wollen wir dann auch von dem Moment einer Kraft in Bezug auf einen Punkt, eine Axe oder eine Parallelebene reden, wodurch keine Zweideutigkeit im Ausdruck entstehen kann, weil man sich unter diesem Produkt das Moment des Paares denken kann, welches durch die zu sich selbst parallele Transposition der Kraft in den Punkt, die Axe oder Parallelebene entstehen würde, welche man betrachtet.

Dann kann man die Gleichung

$$Rr = Pp + P'p' + P''p'' + \cdots$$

folgendermassen in Worten ausdrücken:

Die Summe der Momente beliebig vieler Parallelkräfte in Bezug auf irgend einen Punkt ihrer Ebene ist gleich dem Momente ihrer **Resultante in Bezug auf denselben Punkt.** Damit hat man den bekannten Lehrsatz über die Momente von Parallelkräften, die in derselben Ebene liegen.

II.

Vom Gleichgewicht paralleler Kräfte, die auf verschiedene Punkte eines Körpers im Raume wirken.

82. Es seien P, P', P'' ... (Fig. 31) die verschiedenen Parallelkräfte. Man ziehe nach Belieben zwei Ebenen ZAY und ZAX parallel zu den Richtungen der Kräfte, welche sich in AZ schneiden und der grösseren Einfachheit wegen einen rechten Winkel mit einander bilden sollen. Betrachtet man nun zuerst die Kraft P in B, so fälle man ein Lot BH auf die Durchschnittslinie AZ der beiden Ebenen und bringe in H zwei gleiche Kräfte P, $-P$ an, welche der ersteren Kraft gleich und parallel sind. Statt der in B wirkenden Kraft P hat man dann eine gleiche, parallele Kraft von demselben Sinne in H, und ein Paar $(P, -P)$ an BH.

Macht man dieselbe Transformation bei den anderen Kräften P', P''... und denkt man sich der grösseren Deutlichkeit wegen jedes Paar in seiner Ebene transponiert, so hat man in der Axe AZ nur die Kräfte P, P', P''...., welche respektive den ursprünglichen Kräften gleich und parallel sind und mit ihnen denselben Sinn haben.

Die erste Bedingung für den Zustand des Gleichgewichts ist nun, dass die Resultante aller Kräfte in sich Null sei; da hier die Kräfte alle in einer einzigen Geraden wirken, so ist die Resultante gleich der Summe der Kräfte, und man hat also:

$$P + P' + P'' + \cdots = 0.$$

Nach der zweiten Bedingung für den Gleichgewichtszustand muss das aus allen Momenten der Paare resultierende Moment ebenfalls Null sein. Man erhält aber dieses Moment hier nicht sogleich, indem man die zusammenzusetzenden Momente einfach addiert, denn die Paare liegen weder in derselben Ebene, noch in Parallelebenen.

Um dasselbe zu finden, betrachte man zuerst das Paar $(P, -P)$, welches in seiner ursprünglichen Lage an BH wirken mag. Man fälle vom Punkte B zwei Lote BG und BJ auf die beiden Ebenen ZAY und ZAX und vervollständige das Parallelogramm $BGHJ$; dann zerlege man das Paar $(P, -P)$ an der Diagonale BH dieses Parallelogramms in zwei andere, die aus gleichen Kräften bestehen, aber respektive an den Seiten HJ und GH des Parallelogramms wirken (58). Nennt man nun x und y diese Linien HJ und GH, oder die ihnen gleichen BG und BJ, so ist das gegebene Moment $P. BH$ in zwei andere $P. x$ und $P. y$ zerlegt, die respektive in den Ebenen ZAX und ZAY liegen.

Nennt man ebenso x' und y' die beiden Lote vom Angriffspunkt der Kraft P' auf die beiden Ebenen, so zerlegt sich das Moment des Paares $(P', - P')$ in diesen beiden Ebenen in zwei Momente $P' x'$ und $P' y'$. Dasselbe gilt für die anderen Paare.

Alle in der Ebene ZAX liegenden Momente setzen sich nun zu einem einzigen L zusammen, welches gleich der Summe

$$Px + P'x' + P''x'' + \cdots$$

ist; ebenso setzen sich alle in der Ebene ZAY liegenden Momente zu einem einzigen M zusammen, welches gleich der Summe

$$Py + P'y' + P''y'' + \cdots$$

ist. Diese beiden resultierenden Momente L und M setzen sich endlich zu einem einzigen Totalmomente G zusammen. Für den Gleichgewichtszustand muss also $G = 0$ sein. Da aber die beiden Momente L und M in zwei sich schneidenden Ebenen liegen, so kann ihr resultierendes Moment nicht Null sein, wenn nicht L und M, jedes für sich, Null sind (62). Die zweite allgemeine Bedingung des Gleichgewichts $G = 0$ erfordert also die beiden Gleichungen $L = 0$ und $M = 0$, d. h.

$$Px + P'x' + P''x'' + \cdots = 0$$
$$Py + P'y' + P''y'' + \cdots = 0.$$

Für das Gleichgewicht einer Gruppe von Parallelkräften bestehen also die drei Bedingungen: die Summe aller Kräfte muss Null sein, und die Summe ihrer Momente in Bezug auf zwei Ebenen, die sich in einer zur Richtung dieser Kräfte parallelen Geraden schneiden, muss für jede dieser Ebenen Null sein.

Bemerkung.

83. In den vorhergehenden Gleichungen sind diejenigen Kräfte als positiv anzusehen, welche von unten nach oben, negativ also die, welche von oben nach unten wirken.

Was die Zeichen der Momente betrifft, so ist klar, dass sie sich ändern, wenn sich die Zeichen der Kräfte ändern. Andererseits sieht man aber auch, dass wenn eine Kraft, z. B. P, ohne ihr Zeichen zu ändern, in B' auf der anderen Seite der Ebene ZAX wirkt, sie ein Paar erzeugen wird, das den entgegengesetzten Sinn wie das erstere annimmt. Das Moment ändert folglich auch bloss dadurch sein Zeichen, dass der Hebelarm dasselbe ändert. Betrachtet man also in Bezug auf eine Ebene diejenigen Hebelarme als positiv, welche auf die eine Seite der Ebene fallen, so sind die auf die andere Seite der Ebene fallenden Hebelarme als negativ anzusehen, und man kann stets sagen, dass die Summe der Momente Null sein muss, wenn man nur den Kräften und Hebelarmen die gehörigen Zeichen giebt.

Folgerung I.

84. Nimmt man an, dass die Kräfte P, P', P''.... nicht im Gleichgewicht wären, sondern eine einzige Resultante R hätten, so ist $-R$ eine Kraft, die im Stande ist, ihnen das Gleichgewicht zu halten. Die drei vorigen Gleichungen gelten daher auch, wenn man darin die Kraft $-R$ einführt. Man hat also zuerst

$$R = P + P' + P'' + \cdots$$

woraus man den Wert der Resultante erhält.

Nennt man ferner p und q die respektiven Entfernungen dieser Resultante von den beiden Ebenen ZAY und ZAX, so hat man:

$$Rp = Px + P'x' + P''x'' + \cdots$$
$$Rq = Py + P'y' + P''y'' + \cdots$$

und setzt man für R seinen Wert, so folgt

$$p = \frac{Px + P'x' + P''x'' + \cdots}{P + P' + P'' + \cdots}$$

$$q = \frac{Py + P'y' + P''y'' + \cdots}{P + P' + P'' + \cdots}$$

wodurch die Entfernung der Resultante von den beiden Ebenen und mithin ihre Lage im Raume gegeben ist; denn legt man durch die beiden gefundenen Entfernungen zwei Ebenen, die den ersteren respektive parallel sind, so muss die Richtung der Resultante in beide Ebenen zugleich, folglich in den gemeinschaftlichen Durchschnitt beider Ebenen fallen.

85. Die vorhergehenden Gleichungen geben also zwei Sätze, die man dem gewöhnlichen Gebrauche gemäss folgendermassen aussprechen kann:

Die Summe der Momente von beliebig vielen Parallelkräften in Bezug auf irgend eine zu ihren Richtungen parallele Ebene ist gleich dem Momente ihrer Resultante.

Die Entfernung der Resultante von dieser Ebene ist gleich der Summe der Momente der Kräfte, dividiert durch die Summe aller Kräfte.

Folgerung II.

Vom Mittelpunkt der Parallelkräfte.

86. Da der Mittelpunkt von Parallelkräften in der Richtung der Resultante liegt, so ist offenbar die Entfernung des Mittelpunktes von irgend einer zu den Kräften parallelen Ebene mit der Entfernung der Resultante von dieser Ebene gleich, also gleich der Summe der Momente in Bezug auf die Ebene, dividiert durch die Summe aller Kräfte.

Will man die Entfernung des Mittelpunktes von einer beliebigen Ebene wissen, so lasse man die Kräfte, mit Beibehaltung ihrer Grösse, ihrer Parallelität und ihrer Angriffspunkte sich alle parallel zu dieser neuen Ebene drehen, und man hat dann als zweite Entfernung die Summe der neuen Momente dividiert durch die Summe aller Kräfte.

Verfährt man ebenso für eine dritte Ebene und legt dann durch die drei gefundenen Entfernungen drei Ebenen respektive parallel zu den drei anfänglichen Ebenen, so muss der Mittelpunkt der Kräfte in den drei Ebenen zugleich, also in ihrem Durchschnittspunkte liegen.

87. Sind alle Kräfte gleich und von demselben Sinne, so geht der Ausdruck für die Entfernung des Mittelpunktes von irgend einer Ebene nämlich

$$\frac{Px + P'x' + P''x'' + \cdots}{P + P' + P'' + \cdots}$$

über in den Ausdruck:

$$\frac{Px + Px' + Px'' + \cdots}{P + P + P + \cdots} = \frac{x + x' + x'' + \cdots}{n}$$

wo n die Anzahl der Parallelkräfte ist.

Hier ist also die Entfernung des Mittelpunktes von der Ebene gleich der Summe der Entfernungen aller Angriffspunkte, durch ihre Anzahl dividiert, oder wie man auch sagen kann, gleich der mittleren Entfernung aller Angriffspunkte. Wenn also alle Kräfte gleich sind, so hängt die Lage des Mittelpunktes der Kräfte nur von der Figur ab, welche die Angriffspunkte untereinander bilden.

III.

Vom Gleichgewichte der in derselben Ebene nach beliebigen Richtungen wirkenden Kräfte.

88. Es seien $P', P'', P''' \ldots$ (Fig. 32) die auf irgend eine Weise in derselben Ebene liegenden Kräfte. Von einem beliebigen Punkte A in dieser Ebene fälle man auf ihre respektiven Richtungen die Lote AB, AC, $AD \ldots$, welche diese Richtungen in B, C, $D \ldots$ schneiden. Diese Lote mögen $p', p'', p''' \ldots$ heissen.

Offenbar kann die Kraft P' in eine andere Kraft, welche ihr gleich und parallel ist, denselben Sinn hat und in A wirkt, und in ein Paar, dessen Moment $P'.AB = P'p'$ ist, zerlegt werden. Ebenso lässt sich die Kraft P'' zerlegen in eine gleiche, parallele, in A wirkende Kraft von demselben Sinne, und in ein Paar, dessen Moment $P''.AC = P''p''$ sein wird. Dasselbe gilt für alle übrigen Kräfte $P''', \ldots\ldots$

Für den Gleichgewichtszustand muss nun die Resultante aller in A wirkenden Kräfte selbst Null, und das resultierende Moment aller Momente $P'p', P''p'', P'''p''' \ldots$ gleichfalls in sich Null sein.

Der letzten Bedingung lässt sich leicht genügen, denn weil alle Paare in derselben Ebene liegen, so ist das resultierende Paar gleich der Summe aller zusammenzusetzenden Paare; man hat also:

$$P'p' + P''p'' + P'''p''' + \cdots = 0.$$

Um die zweite Bedingung auszudrücken, denke man sich jede der in A wirkenden Kräfte $P', P'', P''' \ldots$ in zwei andere Kräfte zerlegt nach zwei beliegen Geraden AX und AY, die sich in A in der Ebene der Kräfte schneiden. Nennt man X' und Y' die beiden Componenten von P' nach den respektiven Axen AX und AY, desgleichen analog X'', Y'' für P'', X''' und Y''' für P''' etc., so setzen sich alle Kräfte $X', X'', X''' \ldots$, die in derselben Geraden AX liegen, in eine einzige Kraft

$$X = X' + X'' + X''' + \cdots$$

zusammen, ebenso alle Kräfte $Y', Y'', Y''' \ldots$ in eine einzige Kraft

$$Y = Y' + Y'' + X''' + \cdots$$

Diese beiden partiellen Resultanten geben dann eine einzige R, welche die allgemeine Resultante ist. Für den Zustand des Gleichgewichts muss folglich $R = 0$ sein. Die beiden Kräfte X und Y wirken aber nach zwei sich schneidenden geraden Linien, ihre Resultante kann also nicht Null sein, wenn nicht jede von ihnen selbst Null ist (37). Die Bedingung $R = 0$ schliesst also die beiden $X = 0$ und $Y = 0$ in sich. Man hat also:

$$X' + X'' + X''' + \cdots = 0$$
$$Y' + Y'' + Y''' + \cdots = 0.$$

Da die in A wirkenden Kräfte $P', P'', P''' \ldots.$ den ursprünglichen, in der Ebene wirkenden Kräften völlig gleich und parallel sind, so sind die Componenten $X', Y'; X'', Y''; X''', Y''' \ldots.$ ihrer Grösse nach völlig dieselben, als ob man die ursprünglichen Kräfte $P', P'', P''' \ldots.$ jede an ihrem Orte zerlegt hätte. Die Bedingungen des Gleichgewichts für beliebig viele, in derselben Ebene liegende Kräfte lassen sich also folgendermassen aussprechen:

1) Die Summe der parallel zu zwei sich in der Ebene schneidende Axen zerlegten Kräfte muss in Bezug auf jede der Axen Null sein.

2) **Die Summe der Momente der Kräfte in Bezug auf irgend einen Punkt der Ebene muss Null sein.**

89. Findet man, dass die letzte Bedingung in Bezug auf irgend einen bekannten Punkt stattfindet, und sind die zwei anderen Bedingungen gleichfalls in Bezug auf zwei bekannte Axen, die man immer als durch jenen Punkt gehend annehmen kann, erfüllt, so ist Gleichgewicht vorhanden, und weil Gleichgewicht vorhanden ist, finden dieselben Bedingungen für alle Punkte und alle möglichen Axen statt, die man in der Ebene der Kräfte annehmen will.

Folgerung.

90. Sind die Kräfte $P', P'', P''' \ldots.$ nicht im Gleichgewicht, sondern lassen sie sich auf eine einzige R reducieren, so dass $-R$ eine Kraft ist, die alle im Gleichgewicht hält, so erhält man die Gleichung der Momente wenn man die Kraft $-R$ darin einführt. Bezeichnet man also mit r die Entfernung dieser Kraft von dem Punkte A so erhält man die Gleichung

$$-Rr + P'p' + P''p'' + P'''p''' + \cdots = 0$$

oder

$$Rr = P'p' + P''p'' + P'''p''' + \cdots$$

d. h. **das Moment der Resultante in Bezug auf irgend einen Punkt in der Ebene der Kräfte ist gleich der Summe der Momente der Componenten in Bezug auf denselben Punkt.** Dies ist **der bekannte Lehrsatz von den Momenten.**

Fällt der Punkt, in Bezug auf den man die Momente nimmt, und den man gewöhnlich **Mittelpunkt der Momente** nennt, in die Richtung der Resultante R, so ist die Entfernung r gleich Null, mithin auch das Moment $Rr = 0$. Man hat also:

$$0 = P'p' + P''p'' + P'''p''' + \cdots$$

In Bezug auf irgend einen Punkt in der Richtung der Resultante ist daher immer die Summe der Momente von beliebig vielen, in derselben Ebene liegenden Kräften gleich Null.

Bemerkung.

91. In der zweiten Bedingungsgleichung für das Gleichgewicht

$$P'p' + P''p'' + P'''p''' + \cdots = 0$$

müssen die Momente der nach einem Sinne wirkenden Paare von den Momenten der nach dem entgegengesetzten Sinne wirkenden Paare wohl unterschieden werden und entgegengesetzte Vorzeichen erhalten. Der grösseren Kürze und Deutlichkeit halber wollen wir jedoch dieser Gleichung noch eine andere Form geben.

Einfachere Weise, die vorhergehenden Bedingungen darzustellen.

92. Es seien B', B'', B''' .... (Fig. 33) die Punkte, an denen unmittelbar die Kräfte P', P'', P''' .... in der Ebene angebracht sind, x' und y' seien die Coordinaten AG' und $G'B'$ des Punktes B' in Bezug auf zwei beliebige Axen AX, AY; x'' und y'' seien die beiden analogen Coordinaten des Punktes B'' etc. Es seien zuerst alle Kräfte P', P'', P''' .... parallel zu den beiden Axen AX und AY zerlegt, und man bezeichne die beiden Componenten von P' mit X' und Y', von P'' mit X'' und Y'' etc. wie oben, und betrachte jetzt statt der gegebenen Kräfte P', P'', P''' .... die beiden Gruppen X', X'', X''' .... und Y', Y'', Y''' ....

Werden nun zuerst die Parallelkräfte X', X'', X''' .... parallel zu sich selbst in die Axe AX transponiert, so geben sie eine Resultante, welche gleich ihrer Summe ist; werden ebenso die Parallelkräfte Y', Y'', Y''' .... parallel zu sich selbst in die Axe AY transponiert, so geben sie ebenfalls eine Resultante, die gleich ihrer Summe ist.

Diese beiden partiellen Resultanten setzen sich zu einer einzigen Resultante in A zusammen, und nach der ersten allgemeinen Bedingung für das Gleichgewicht, wonach diese Resultante Null sein muss, erhält man wie oben die beiden Gleichungen:

$$X' + X'' + X''' + \cdots = 0$$
$$Y' + Y'' + Y''' + \cdots = 0.$$

Darauf muss nun noch ausgedrückt werden, dass die Summe der Momente der von allen Kräften in Bezug auf den Punkt A gebildeten Kräftepaare Null sei. Beachtet man, dass die Axe AX mit den Richtungen der Kräfte Y', Y'' .... Winkel bildet, die unter sich und auch den Winkeln gleich sind, welche die Axe AY mit den Richtungen der Kräfte X', X'' .... bildet, so sieht man sofort, dass die Produkte $X'y'$, $X''y''$ ....; $Y'x'$, $Y''x''$ .... als das relative Mass der verschiedenen Paare angesehen und für die Momente gesetzt werden können. Weil also die Summe der Momente Null sein muss, hat man die Gleichung

$$X'y' + X''y'' + \cdots + Y'x' + Y''x'' + \cdots = 0.$$

Diese Gleichung tritt an die Stelle der vorher (91) aufgestellten

$$P'p' + P''p'' + P'''p''' + \cdots = 0$$

enthält aber statt der aus dem Punkte A auf die respektiven Richtungen der Kräfte zu fällenden Lote p', p''', p'''...., die Coordinaten der unmittelbaren Angriffspunkte der Kräfte in der Ebene. Ueberdies hat sie den Vorzug, dass die Glieder $X'y'$, $X''y''$ .... $Y'x'$, $Y''x''$ .... von selbst die gehörigen Zeichen annehmen, welche dem respektiven Sinne der Paare, deren Momente sie darstellen, zukommen, wenn man nur den Kräften und Coordinaten die richtigen Zeichen geben will.

Man kann, wie dies in der Geometrie geschieht, die auf der rechten Seite des Anfangspunktes liegenden Abscissen x', x''.... als positiv, mithin die auf der linken Seite liegenden als negativ, ferner die über der Abscissenaxe liegenden Ordinaten, y', y''..... als positiv und also die unter der Abscissenaxe liegenden als negativ annehmen.

Was die Kräfte betrifft, so muss man offenbar in jeder Gruppe denjenigen Kräften entgegengesetzte Zeichen geben, welche einen entgegengesetzten Sinn haben:

Betrachtet man in der ersten Gruppe eine Kraft, z. B. X'', welche nach der rechten Seite der Axe AY hin wirkt, und in der zweiten eine Kraft, z. B. Y', welche nach der unteren Seite der Axe AX wirkt: so geben diese beiden Kräfte offenbar in Bezug auf den Punkt A Paare von gleichem Sinne, wenn die Coordinaten AH'' und AG' oder y'' und x' gleiche Zeichen haben. Die Kräfte der ersten Gruppe, welche nach der rechten

Seite der Ordinatenaxe hinwirken, müssen folglich mit den Kräften der zweiten Gruppe, welche nach der unteren Seite der Abscissenaxe wirken, gleiche Zeichen haben. Gelten also die ersten als positiv, so müssen auch die zweiten als positiv gelten. Auf diese Weise nehmen dann alle Momente, die in der vorhergehenden Gleichung mit denselben Zeichen geschrieben sind, ihre Zeichen nach dem respektiven Sinne der Paare an.

93. Betrachtet man in der ersten Gruppe X', X'', X'''.... die Kräfte, welche nach rechts hin von der Ordinatenaxe wirken, oder die Abscissen von ihren Angriffspunkten aus zu vergrössern streben, als positiv, und sollen auch der Symmetrie wegen in der zweiten Gruppe Y', Y'', Y'''.... diejenigen Kräfte, welche aufwärts von der Abscissenaxe wirken, oder die Ordinaten von ihren Angriffspunkten aus zu vergrössern streben, als positiv angesehen werden: so muss man allen sich auf diese Gruppe beziehenden Momenten das entgegengesetzte Zeichen geben. Die vorhergehende Gleichung nimmt dann die Form an:

$$X'y' + X''y'' + X'''y''' + \cdots - Y'x' - Y''x'' - Y'''x''' - \cdots = 0.$$

Wir werden in der Folge diese Gleichung der vorigen vorziehen; dabei sind in beiden Gruppen diejenigen Kräfte als positiv anzusehen, welche die Coordinaten von ihren Angriffspunkten aus zu vergrössern, und diejenigen als negativ, welche eben diese Coordinaten zu verkleinern streben.

Folgerung I.

94. Stehen die Axen AX und AY (Fig. 34) senkrecht auf einander, so werden die Abscissen und Ordinaten selbst die Hebelarme der Paare und die Momente $X'y'$, $X''y''$.... $Y'x'$, $Y''x''$ das absolute Mass ihrer Energien.

Ist α' der Winkel, welchen die Richtung der Kraft P' mit der Abscissenaxe macht, so ist die zu dieser Axe parallele Componente $X' = P' . \cos \alpha'$. Ebenso ist für die andere Componente $Y' = P' . \sin \alpha'$.

Ist α'' der Winkel, welchen die Richtung der Kraft P'' mit der Abscissenaxe macht, so ist $X'' = P'' \cos \alpha''$; $Y'' = P'' \sin \alpha''$, und ebenso für alle anderen Kräfte. Die obigen Gleichungen gehen also über in:

$$P' \cos \alpha' + P'' \cos \alpha'' + P''' \cos \alpha''' + \cdots = 0$$
$$P' \sin \alpha' + P'' \sin \alpha'' + P''' \sin \alpha''' + \cdots = 0.$$
$$P'(y' \cos \alpha' - x' \sin \alpha') + P''(y'' \cos \alpha'' - x'' \sin \alpha'') + P'''(y''' \cos \alpha''' - x''' \sin \alpha''') + \cdots = 0.$$

In diesen Gleichungen braucht man nicht die Zeichen der Kräfte, sondern nur die Zeichen der Abscissen und Ordinaten zu berücksichtigen.

Man betrachtet alle Kräfte P' P'' P'''.... als durchaus positiv, und die Zeichen der Sinus und Cosinus geben den Componenten $P' \cos \alpha'$, $P'' \cos \alpha''$,...., $P' \sin \alpha'$, $P'' \sin \alpha''$.... die entsprechenden Zeichen, wie man leicht sieht, wenn man mit der Richtung einer Kraft, wie etwa P' um ihren Angriffspunkt B' herum eine volle Umdrehung machen will.

Bemerkung.

Dies ist dann die gewöhnliche Form, in der man die Bedingungsgleichungen des Gleichgewichts für beliebig gerichtete, in derselben Ebene liegende Kräfte aufstellt. Diese Gleichungen enthalten in ihrer einfachsten Form die ersten Data der Aufgabe, nämlich die Grösse der Kräfte, die Richtungen derselben mittelst ihrer Winkel, welche sie mit einer gegebenen festen geraden Linie bilden, und ihre unmittelbaren Angriffspunkte mittelst der rechtwinkligen Coordinaten dieser Punkte. Wir hätten sie zuerst aufstellen und selbst die anderen Gleichungen in Bezug auf schiefwinklige Axen übergehen können; weil man sie aber manchmal unter der Annahme beweist, dass die beiden Gruppen von Kräften rechtwinklig zu einander sind, so mochten wir es nicht unterlassen, zu zeigen, dass diese Gleichungen nur ein particulärer Fall von denjenigen sind, welche man in Bezug auf beliebige schiefwinklige Coordinaten findet und dass die Rechtwinkligkeit der Kräfte durchaus nicht nötig ist. Wir werden auf diese Bemerkung noch einmal zurückkommen.

Folgerung II.

95. Wir wollen annehmen, dass die Kräfte P', P'', P'''.... nicht im Gleichgewicht seien, sich aber auf eine einzige Resultante R reducieren lassen.

Dann werden die drei Bedingungsgleichungen für den Gleichgewichtszustand gelten, wenn man die Kraft $-R$ in sie einführt.

Es mag also α der Winkel sein, welchen die Abscissenaxe mit der Richtung der Kraft R bildet, und x und y mögen die Coordinaten irgend eines Punktes dieser Richtung sein. Setzt man der Kürze halber

$$P' \cos \alpha' + P'' \cos \alpha'' + P''' \cos \alpha''' + \cdots = X$$
$$P' \sin \alpha' + P'' \sin \alpha'' + P''' \sin \alpha''' + \cdots = Y$$
$$P'(y' \cos \alpha' - x' \sin \alpha') + P''(y'' \cos \alpha'' - x'' \sin \alpha'') + P'''(y''' \cos \alpha''' - x''' \sin \alpha''') + \cdots = G,$$

so hat man erstens

$$X - R \cos \alpha = 0, \quad Y - R \sin \alpha = 0$$

woraus, weil $(\cos^2 \alpha + \sin^2 \alpha) = 1$ ist, folgt

$$R = \sqrt{X^2 + Y^2}$$

$$\cos \alpha = \frac{X}{\sqrt{X^2 + Y^2}} \quad \text{und} \quad \sin \alpha = \frac{Y}{\sqrt{X^2 + Y^2}}.$$

Dadurch hat man die Grösse der Resultante und den Winkel α, den ihre Richtung mit der Abscissenaxe bildet.

Ferner hat man

$$G - R\,(y \cos \alpha - x \sin \alpha) = 0$$

oder für $R \cos \alpha$ und $R \sin \alpha$ die Werte X und Y gesetzt

$$G - Xy + Yx = 0.$$

Da man auf diese Weise nur eine einzige Gleichung zur Bestimmung der beiden Coordinaten x und y erhält, so kann man eine von ihnen ganz beliebig annehmen. Setzt man z. B. $x = 0$, in welchem Fall man den Schnittpunkt der Resultante mit der y-Axe erhält, so hat man

$$y = \frac{G}{X}.$$

Setzt man $y = 0$, in welchem Fall man die Entfernung x des Schnittpunktes der Resultante mit der x-Axe erhält, so ist

$$x = -\frac{G}{Y}.$$

Man hat dann also alles, was man zur Bestimmung der Grösse und Lage der Resultante für beliebig viele, in derselben Ebene liegende Kräfte nötig hat.

Dass man nur eine einzige Gleichung zur Bestimmung der Coordinaten x und y des Angriffspunktes der Resultante findet, folgt daraus, dass die Resultante in jedem Punkte ihrer Richtung angebracht werden kann, es ist also unmöglich, dass die Rechnung einen dieser Punkte eher angiebt als den anderen. Sie kann also nur ihren geometrischen Ort angeben, da die Gleichung

$$G - Xy + Yx = 0$$

eigentlich nur die Gleichung der Richtung der Resultante ist.

Bemerkung.

96. Da in den drei bisher behandelten Aufgaben I, II, III alle Kräfte stets auf eine einzige Kraft R und ein einziges Paar (S, $-S$) reduciert wurden, so giebt es stets eine einzige Resultante, wenn nicht etwa R Null ist. Denn die Kraft R und das Paar (S, $-S$) liegen immer in derselben Ebene oder in Parallelebenen, lassen sich folglich noch (71) immer in eine einzige Resultante vereinigen. Damit also Parallelkräfte, oder in derselben Ebene liegende Kräfte, eine einzige Resultante haben, braucht nur die Bedingung erfüllt zu sein, dass die parallel zu sich selbst in irgend einen Punkt transponierten Kräfte eine Resultante geben, die nicht in sich Null ist.

Ist diese Resultante Null, so sind alle Kräfte des Systems auf ein Paar zurückgeführt, dessen Ebene und Grösse man kennt, und dem man nur dadurch das Gleichgewicht halten kann, dass man ein gleichwertiges Paar von entgegengesetztem Sinne in derselben oder in einer beliebigen Parallelebene auf das System anbringt.

Wir gehen nun zu dem allgemeinsten Falle über.

IV.

Bedingungen des Gleichgewichts für beliebig viele, beliebig im Raume gerichtete Kräfte.

97. Es seien P', P'', P''' .... (Fig. 35) die verschiedenen Kräfte. Durch einen beliebig im Raume gewählten Punkt A ziehe man drei beliebige Axen AX, AY, AZ, die nicht in derselben Ebene liegen, und zerlege jede Kraft in drei andere Kräfte, die diesen Axen respektive parallel sind.

Es seien X', Y', Z' die drei Componenten von P'; X'', Y'', Z'' diejenigen von P'' und so analog für die übrigen Kräfte. Statt der auf das System wirkenden Kräfte P', P'', P''' .... hat man nun drei Gruppen von Parallelkräften: X', X'', X''' .... parallel zur Axe AX; Y', Y'', Y''' .... parallel zur Axe AY; Z', Z'', Z''' .... parallel zur Axe AZ.

Transponiert man jetzt alle Kräfte parallel zu sich selbst in den Punkt A, so vereinigen sich die der ersten Gruppe in der Axe AX zu einer einzigen Kraft X, welche gleich der Summe aller Kräfte dieser Gruppe ist. Die der zweiten Gruppe vereinigen sich in der Axe AY zu einer einzigen Kraft Y, welche gleich der Summe der Kräfte dieser Gruppe ist, und ebenso die der dritten Gruppe in der Axe AZ in eine Kraft Z, welche gleich der Summe aller Kräfte dieser Gruppe ist. Diese drei partiellen Resultanten X, Y, Z geben nun eine einzige Resultante R, die in A wirkt und durch die Diagonale des Parallelopipedons dargestellt wird, welches aus den drei die Kräfte der Grösse und Richtung nach darstellenden Geraden gebildet wird.

Der ersten allgemeinen Bedingung des Gleichgewichts zufolge muss nun diese Resultante in sich Null sein. Die drei Kräfte X, Y, Z, deren Wirkungs-Richtungen nicht in dieselbe Ebene fallen, können nie zur Resultante Null haben, wenn sie nicht selbst jede für sich Null sind (42). Die Bedingung $R = 0$ macht also die drei Gleichungen $X = 0$; $Y = 0$; $Z = 0$ notwendig; man hat also

$$X' + X'' + X''' + \cdots = 0$$
$$Y' + Y'' + Y''' + \cdots = 0$$
$$Z' + Z'' + Z''' + \cdots = 0.$$

Sollen also beliebig viele Kräfte auf beliebige Weise an einem Körper oder Systeme von unveränderlicher Form im Gleichgewicht sein, so hat man zuerst die drei Bedingungen: Die Summe der parallel zu drei beliebigen Axen im Raume zerlegten Kräfte muss Null sein in Bezug auf jede dieser drei Axen.

Nach der zweiten Bedingung für den Zustand des Gleichgewichts muss das aus allen durch die Kräfte in Bezug auf den Punkt A gebildeten Paaren resultierende Paar in sich Null sein. Diese zweite Bedingung wollen wir jetzt entwickeln.

Es sei B' der Angriffspunkt der Kraft P' mithin auch der Angriffspunkt der drei Componenten X', Y', Z', und x', y', z' seien die drei Coordinaten AC, CH, HB' dieses Punktes B' in Bezug auf die drei Axen AX, AY, AZ. Ebenso seien x'', y'', z'' die drei Coordinaten des Angriffspunktes B'' der drei Componenten X'', Y'', Z'' von P''; und so für alle anderen Kräfte.

Betrachtet man zuerst die Gruppe der Kräfte Z', Z'', Z''' ...., so erzeugt die in B' angebrachte Kraft Z' ein Paar (Z', $-Z'$), das an AB' wirkt, oder, wenn man sich die Kraft Z' im Punkte H, wo ihre Richtung die Ebene YAX trifft, angebracht denkt, ein Paar (Z', $-Z'$) an der Diagonale AH des Parallelogramms $ACHD$ wirkend, was von den Seiten $AC = x'$, und $AD = y'$ gebildet wird. Dieses Paar kann nun in zwei andere Paare von Kräften, die den ersteren gleich und parallel sind, die aber in den Ebenen XAZ und YAZ an den respektiven Seiten AC und AD oder x' und y' wirken, zerlegt werden (57).

Zerlegt man auf diese Weise alle die durch die Gruppe Z', Z'', Z''' .... entstehenden Paare in die zwei zu diesen Gruppen parallelen Ebenen, und auf ähnliche Weise auch alle die Paare, welche durch die beiden anderen Gruppen in Bezug auf analoge Ebenen entstehen, so hat man offenbar dadurch alle Paare des Systems auf andere Paare zurückgeführt, welche in den drei Coordinatenebenen liegen.

In jeder Ebene reducieren sich nun die Paare auf ein resultierendes Paar, das gleich ist ihrer Summe. Man erhält also drei partielle resultierende Paare, die sich zu einem einzigen resultierenden Paare zusammensetzen, welches dann für den Gleichgewichtszustand Null sein muss. Da aber diese drei resultierenden Paare in drei Ebenen liegen, welche eine körperliche Ecke bilden, so kann das aus ihnen hervorgehende Paar nicht anders Null sein, als wenn sie selbst jedes für sich Null sind (65). Für jede der drei Coordinatenebenen muss folglich die Summe der Momente der Paare in sich Null sein.

In der YAZ-Ebene liegen die Paare

$$(Z', -Z'),\ (Z'', -Z''),\ (Z''', -Z''') \ldots.$$

die an den respektiven Linien

$$y', y'', y''' \ldots$$

angebracht sind. Ferner die Paare

$$(Y', -Y'),\ (Y'' -Y''),\ (Y''', -Y''') \ldots$$

die an den respektiven Linien

$$z', z'', z''' \ldots$$

angebracht sind.

Da die Axe AY mit den Richtungen der Kräfte $Z', Z'', Z''' \ldots.$ Winkel bildet, die unter sich, und die auch den Winkeln gleich sind, welche die Axe AZ mit den Richtungen der Kräfte $Y', Y'', Y''' \ldots.$ einschliesst, so kann man die Produkte $Z'y', Z''y'' \ldots Y'z', Y''z'' \ldots$ als relatives Mass der in der Ebene YAZ liegenden Paare für deren Momente nehmen. Weil nun die Summe dieser Momente Null sein muss, so hat man (93)

$$Y'z' + Y''z'' + Y'''z''' + \cdots - Z'y' - Z''y'' - Z'''y''' - \cdots = 0.$$

Ebenso findet man für die beiden anderen Ebenen:

$$Z'x' + Z''x'' + Z'''x''' + \cdots - X'z' - X''z'' - X'''z''' - \cdots = 0$$
$$X'y' + X''y'' + X'''y''' + \cdots - Y'x' - Y''x'' - Y'''x''' - \cdots = 0.$$

Ausser den bereits gefundenen drei Bedingungsgleichungen für den Zustand des Gleichgewichts erhält man hier noch drei andere, welche den Satz geben: Die Summe der Produkte aus den der Ebene zweier Axen parallelen Componenten in ihre auf die dritte Axe bezogenen Coordinaten muss für jede der drei Ebenen Null sein.

98. In den vorhergehenden Gleichungen bestimmt man die Zeichen der Coordinaten, wie in der Geometrie, positiv in der Ecke $XAYZ$ und negativ in der entgegengesetzten Ecke.

In Bezug auf die Kräfte sind in jeder Gruppe diejenigen als positiv zu nehmen, welche die Coordinaten von ihren Angriffspunkten aus zu vergrössern, und diejenigen als negativ, welche sie zu verkleinern streben (93).

Bemerkung.

99. Findet man, dass die sechs vorhergehenden Gleichungen für drei nicht in derselben Ebene liegende Axen gelten, so herrscht Gleichgewicht im Systeme, und damit gelten dann auch dieselben Gleichungen für alle möglichen Axen.

Folgerung.

100. Wären die drei Axen AX, AY, AZ rechtwinklig zu einander, so sind die Coordinaten die Hebelarme der Paare, und die Produkte $Z'y'$, $Y'x'$, $X'z'$.... die absoluten Ausdrücke ihrer Momente.

Nennt man α', β', γ' die drei Winkel der Richtung der Kraft P' mit den drei respektiven Axen AX, AY, AZ oder vielmehr mit drei zu diesen Axen parallelen Geraden, so sind die drei Componenten von P' (45)

$$X' = P' \cos\alpha', \quad Y' = P' \cos\beta', \quad Z' = P' \cos\gamma'.$$

Sind auf gleiche Weise α'', β'', γ'', α''', β''', γ'''.... die analogen Winkel für P'', P'''.... so findet man

$$X'' = P'' \cos\alpha'', \quad Y'' = P'' \cos\beta'', \quad Z'' = P'' \cos\gamma''.$$

die vorhergehenden Gleichungen werden dann

$$P' \cos\alpha' + P'' \cos\alpha'' + P''' \cos\alpha''' + \cdots = 0$$
$$P' \cos\beta' + P'' \cos\beta'' + P''' \cos\beta''' + \cdots = 0$$
$$P' \cos\gamma' + P'' \cos\beta'' + P''' \cos\gamma''' + \cdots = 0$$
$$P'(z' \cos\beta' - y' \cos\gamma') + P''(z'' \cos\beta'' - y'' \cos\gamma'') + P'''(z''' \cos\beta''' - y''' \cos\gamma''') + \cdots = 0$$
$$P'(x' \cos\gamma' - z' \cos\alpha') + P''(x'' \cos\gamma'' - z'' \cos\alpha'') + P'''(x''' \cos\gamma''' - z''' \cos\alpha''') + \cdots = 0$$
$$P'(y' \cos\alpha' - x' \cos\beta') + P''(y'' \cos\alpha'' - x'' \cos\beta'') + P'''(y''' \cos\alpha''' - x''' \cos\beta''') + \cdots = 0.$$

Bemerkung.

101. Unter dieser Form stellt man gewöhnlich die sechs Bedingungsgleichungen des Gleichgewichts auf. Sie enthalten in einer ganz einfachen Weise die Grösse der Kräfte P', P'', P''' ...., ihre Angriffspunkte vermittelst ihrer rechtwinkligen, auf drei Axen bezogenen Coordinaten, und ihre Richtungen durch die Cosinus der Winkel, welche sie mit den Axen einschliessen.

Da man gewohnt ist, den rechtwinklig wirkenden Kräften eine gewisse Unabhängigkeit der Wirkungen zuzuschreiben, die ihnen gleichwohl nicht mehr zukommt, als den unter einem beliebigen Winkel wirkenden Kräften, falls dieser nur nicht gleich Null ist, so dürfen wir wohl bemerken, dass die Gleichungen des Gleichgewichts in Bezug auf rechtwinklige Axen nur eine einfache Folge der Gleichungen für beliebige schiefwinklige Axen sind, und dass folglich das Princip der Unabhängigkeit zwischen den Wirkungen der rechtwinkligen Kräfte ganz und gar nicht in den Beweis hineingezogen werden darf.

Uebrigens bemerken wir auch, dass man aus diesem wenig bestimmten Principe durch eine ganz einfache Ueberlegung in einen sehr grossen Irrtum geraten könnte. Betrachtet man z. B. zwei Gruppen rechtwinkliger Kräfte, die in derselben Ebene liegen, und nimmt man an, dass die Wirkungen dieser beiden Gruppen von einander unabhängig sind, so lässt sich daraus schliessen, dass, wenn das System im Gleichgewicht ist, jede Gruppe für sich im Gleichgewichte sein muss, was doch nicht der Fall ist.

Dasselbe gilt für drei im Raume rechtwinklige Gruppen von Kräften, die ein System im Gleichgewicht halten können, ohne dass deshalb jede Gruppe oder auch nur eine einzige von ihnen für sich im Gleichgewicht wäre.

In diesen beiden Fällen müsste man also von jenem Principe nur einen beschränkten Gebrauch machen und die Unabhängigkeit der Wirkungen nur in Bezug auf die Translationsbewegungen, welche die Kräfte dem Systeme mitteilen können, betrachten, oder man müsste es nur anwenden, im Falle man zwei Gruppen hat, von denen die eine aus Kräften senkrecht auf dieselbe Ebene, die andere aus beliebig in dieser Ebene liegenden Kräften besteht, in welchem Falle allein die Unabhängigkeit der Wirkungen auf eine absolute Weise stattfindet. Da indess die Unabhängigkeit auch stattfinden würde wenn die erste Gruppe mit der Ebene der zweiten einen beliebigen Winkel, der nur nicht Null sein darf, bildet, so folgt, dass sie nicht deshalb stattfindet, weil die Gruppen einen rechten Winkel, sondern bloss, weil sie irgend einen Winkel mit einander bilden. In allen Fällen fällt also die Ueberlegung, vermöge deren man beweisen will, dass das in Rede stehende Princip deshalb gelte, weil die Kräfte einen rechten

Winkel mit einander bilden, in sich zusammen, weil es wirklich grundlos ist.

Folgerung II.

102. Den drei letzten Gleichungen des Gleichgewichts lässt sich eine einfachere Form geben, wenn man statt der Coordinaten der Angriffspunkte die kürzesten Abstände der Richtungen der Kräfte von drei rechtwinkligen Coordinatenaxen einführt.

In der That kann man in der ersten Gleichung für das Glied $P'(z'\cos\beta' - y'\cos\gamma')$, welches die Summe der Momente der beiden Kräfte $P'\cos\beta'$ und $P'\cos\gamma'$ in Bezug auf den Punkt angiebt, wo ihre Ebene die x-Axe schneidet, ein anderes Glied substituieren, welches das Moment ihrer Resultante in Bezug auf denselben Punkt angiebt (90).

Da die beiden Kräfte $P'\cos\beta'$ und $P'\cos\gamma'$ rechtwinklig auf einander stehen, so hat man für das Quadrat ihrer Resultante

$$P'^2\cos^2\beta' + P'^2\cos^2\gamma' \quad \text{oder} \quad P'^2(\cos^2\beta' + \cos^2\gamma'),$$

oder, weil $(\cos^2\alpha' + \cos^2\beta' + \cos^2\gamma') = 1$ ist, auch

$$P'^2(1 - \cos^2\alpha') = P'^2\sin^2\alpha'.$$

Die Resultante ist also $P'\sin\alpha'$. Ist nun p' die Entfernung dieser Resultante von der x-Axe, so hat man als Moment der Resultante, $P'p'\sin\alpha'$, welches dann für $P'(z'\cos\beta' - y'\cos\gamma')$ substituiert werden kann. Ebenso findet man $P''p''\sin\alpha''$, $P'''p'''\sin\alpha''' \ldots.$ für die folgenden Glieder dieser Gleichung, wenn man mit p'', p''' die respektiven Entfernungen der analogen Resultanten von der ersteren in Bezug auf die x-Axe bezeichnet. Die erste jener drei letzten Gleichungen erhält also die Form:

$$P'p'\sin\alpha' + P''p''\sin\alpha'' + P'''p'''\sin\alpha''' + \cdots = 0.$$

Offenbar sind p', p'', $p''' \ldots.$ die kürzesten Abstände der Kräfte P', P'', $P''' \ldots.$ von der x-Axe; denn setzt man die Kraft $P'\sin\alpha'$, die in einer zu dieser Axe senkrechten Ebene liegt, mit der Kraft $P'\cos\alpha'$, welche auf dieser Ebene senkrecht steht, zusammen, so erhält man als Resultante die Kraft P', welche im Raume liegt. Die Kraft $P'\sin\alpha'$ ist also nur die Projection der Kraft P' auf eine zur x-Axe senkrechte Ebene, folglich ist auch die kürzeste Entfernung p' dieser Projection von der x-Axe nichts anderes, als die kürzeste Entfernung der Kraft P' von derselben Axe.

Bezeichnet man mit q', q'', $q''' \ldots.$ und mit r', r'', $r''' \ldots.$ die kürzesten Abstände der Kräfte P', P'', $P''' \ldots.$ von den respektiven

Axen der y und z, so findet man für die beiden anderen Gleichungen ebenso

$$P'q' \sin\beta' + P''q'' \sin\beta'' + P'''q''' \sin\beta''' + \cdots = 0$$
$$P'r' \sin\gamma' + P''r'' \sin\gamma'' + P'''r''' \sin\gamma''' + \cdots = 0.$$

103. Die Projection einer Kraft auf eine Ebene, multipliciert mit ihrer Entfernung von einer auf dieser Ebene senkrechten Axe, nennt man gewöhnlich das Moment der Kraft in Bezug auf diese Axe. Auf diese Weise lassen sich die drei vorhergehenden Gleichungen so aussprechen: Für den Gleichgewichtszustand muss die Summe der Momente der Kräfte in Bezug auf jede der drei Axen Null sein.

Folgerung III.

104. Nimmt man in den sechs allgemeinen Bedingungsgleichungen für das Gleichgewicht, die Kräfte P', P'', P''' .... alle als parallel, oder alle als in derselben Ebene liegend u. s. w. an, und setzt man dann statt der Coordinaten x', y', z' .... und der Winkel α', β', γ' .... die diesen Annahmen entsprechenden Werte, so erhält man die vorher für diese besonderen Fälle gefundenen Gleichungen wieder, und zieht dann daraus auch dieselben Folgerungen.

105. Sollen z. B. die Richtungen der Kräfte P', P'', P''' .... alle in demselben Punkte zusammenlaufen, und soll dieser Punkt als Anfangspunkt der Coordinaten angesehen werden, so sind die Cosinus der Winkel α', β', γ' .... den respektiven Coordinaten x', y', z' .... der Angriffspunkte proportional, so dass

$$x' : y' = \cos\alpha' : \cos\beta', \quad x' : z' = \cos\alpha' : \cos\gamma', \ldots$$

oder:

$$y' \cos\alpha' - x' \cos\beta' = 0$$
$$x' \cos\gamma' - z' \cos\alpha' = 0$$
$$\cdots\cdots\cdots\cdots\cdots\cdots$$

Die drei letzteren Gleichungen des Gleichgewichts verschwinden auf diese Weise von selbst, und man behält die drei ersteren, woraus dann folgt, dass es für das Gleichgewicht eines Systems von Kräften, deren Richtungen alle nach einem Punkte laufen, nötig und hinreichend ist, dass die Summe der nach drei Axen zerlegten Kräfte in Bezug auf jede dieser Axen Null sei; ein Satz, den man übrigens schon unmittelbar kennt.

Nimmt man an, dass die Kräfte P', P'', P''' .... nur Paare bilden, so findet jede Kraft P', die gegen die x-Axe unter einem gewissen Winkel α' geneigt ist, in dem System eine gleiche Kraft, die aber um $(180° + \alpha')$ gegen die x-Axe geneigt ist; zu jedem Gliede $P' \cos\alpha'$ findet sich also in der ersten Gleichung ein gleiches entgegengesetztes Glied. Dasselbe gilt von den beiden anderen Gleichungen. Die drei ersteren Gleichungen verschwinden also, und es bleiben nur die drei letzteren, woraus folgt: Zum Gleichgewicht von beliebig vielen auf einen Körper wirkenden Paaren ist nötig und hinreichend, dass die Summe der senkrecht auf drei Axen zerlegten Paare in Bezug auf jede der Axen Null sei; ein Satz, der übrigens an sich ebenso einleuchtend ist, wie der vorhergehende.

Folgerung IV.

Untersuchung der Resultante aller Kräfte P', P'', $P'''\ldots.$ wenn diese Kräfte nicht im Gleichgewicht sind und sich auf eine einzige Resultante reducieren lassen.

106. Wir nehmen an, die Kräfte P', P'', $P'''\ldots.$ wären nicht im Gleichgewicht, und eine Kraft $-R$ sei fähig, wenn dies möglich ist, ihnen das Gleichgewicht zu halten, R also sei ihre Resultante.

Die sechs vorher gefundenen Gleichungen müssen dann gelten, wenn man $-R$ in sie einführt.

Es seien α, β, γ die drei Winkel, welche die Richtung der Resultante mit den drei Coordinatenaxen bildet. Setzt man noch der Kürze halber

$$
\begin{aligned}
P'\cos\alpha' + P''\cos\alpha'' + P'''\cos\alpha''' + \cdots &= X\\
P'\cos\beta' + P''\cos\beta'' + P'''\cos\beta''' + \cdots &= Y\\
P'\cos\gamma' + P''\cos\gamma'' + P'''\cos\gamma''' + \cdots &= Z
\end{aligned}
$$

so erhält man die drei Gleichungen

$$
\begin{aligned}
X - R\cos\alpha &= 0\\
Y - R\cos\beta &= 0\\
Z - R\cos\gamma &= 0.
\end{aligned}
$$

Daraus folgt, mit Berücksichtigung von $(\cos^2\alpha + \cos^2\beta + \cos^2\gamma) = 1$

$$R = \sqrt{X^2 + Y^2 + Z^2}$$

als Grösse der Resultante. Für die drei Winkel ihrer Richtung mit den drei Axen ist

$$
\begin{aligned}
\cos\alpha &= \frac{X}{\sqrt{X^2 + Y^2 + Z^2}}\\
\cos\gamma &= \frac{Y}{\sqrt{X^2 + Y^2 + Z^2}}\\
\cos\gamma &= \frac{Z}{\sqrt{X^2 + X^2 + Z^2}}.
\end{aligned}
$$

Nennt man ferner die drei Coordinaten irgend eines Punktes der Richtung der Resultante x, y, z und setzt:

$$\begin{aligned} P'(z'\cos\beta' - y'\cos\gamma') &+ P''(z''\cos\beta'' - y''\cos\gamma'') \\ &+ P'''(z'''\cos\beta''' - y'''\cos\gamma''') + \cdots = L \\ P'(x'\cos\gamma' - z'\cos\alpha') &+ P''(x''\cos\gamma'' - z''\cos\alpha'') \\ &+ P'''(x'''\cos\gamma''' - z'''\cos\alpha''') + \cdots = M \\ P'(y'\cos\alpha' - x'\cos\beta') &+ P''(y''\cos\alpha'' - x''\cos\beta'') \\ &+ P'''(y'''\cos\alpha''' - x'''\cos\beta''') + \cdots = N, \end{aligned}$$

so hat man

$$\begin{aligned} L - R(z\cos\beta - y\cos\gamma) &= 0 \\ M - R(x\cos\beta - z\cos\alpha) &= 0 \\ N - R(y\cos\alpha - x\cos\beta) &= 0 \end{aligned}$$

oder besser

$$\begin{aligned} L - Yz + Zy &= 0 \\ M - Zx + Xz &= 0 \\ N - Xy + Yx &= 0. \end{aligned}$$

Eliminiert man aus diesen drei Gleichungen zwei der Unbekannten x, y, z, so gelangt man zu der Gleichung

$$XL + YM + ZN = 0,$$

welche keine unbekannte Grösse mehr enthält und das Verhältnis angiebt, das unter den partiellen Resultanten X, Y, Z, und den drei partiellen resultierenden Momenten L, M, N, stattfinden muss, damit die drei vorhergehenden Gleichungen zugleich bestehen können, damit folglich alle Kräfte des Systems eine einzige Resultante geben können.

107. Findet diese Bedingungsgleichung statt, so treten die Werte der drei Coordinaten x, y, z unter der Form $\frac{0}{0}$ auf; denn da die Resultante in jedem beliebigen Punkte ihrer Richtung angebracht werden kann, so kann die Rechnung einen dieser Punkte nicht mehr bestimmen als den andern; sie kann deshalb nur ihren geometrischen Ort angeben, und die drei vorhergehenden Gleichungen sind auch nichts anderes als die Gleichungen der drei Projectionen der Resultante auf die Coordinatenebenen. Die eine dieser Gleichungen muss also eine notwendige Folge der beiden anderen sein, und man hat eigentlich nur zwei Gleichungen zwischen den drei unbestimmten Grössen x, y, z, weshalb sie sich dann auch in der Form $\frac{0}{0}$ zeigen müssen.

108. Man wird daher eine dieser drei Grössen willkürlich annehmen, und daraus dann mit Hilfe der vorhergehenden Gleichungen die beiden anderen bestimmen.

Setzt man z. B. $X = 0$, in welchem Falle also der Punkt gesucht wird, in welchem die Richtung der Resultante die Verticalebene YAZ trifft, so sind die beiden Coordinaten dieses Punktes

$$y = \frac{N}{X}; \quad z = \frac{-M}{X}.$$

Setzt man $y = o$, so ist

$$x = \frac{-N}{Y}; \quad z = \frac{L}{Y}.$$

Setzt man $z = o$, so hat man

$$x = \frac{M}{Z}; \quad y = \frac{-L}{Z}.$$

Betrachtet man also den Punkt, wo die Richtung der Resultante die Ebene der beiden Axen schneidet, so findet man die respektiven Entfernungen dieses Punktes von den beiden Axen, wenn man die respektiven Summen der Momente der Kräfte, in Bezug auf diese Axen, durch die Summe der Kräfte, nach der dritten Axe genommen, dividiert.

Man hat also nun, gemäss dem was wir gesagt haben, alles, was zur Bestimmung der Grösse der Resultante und ihrer Lage im Raume nötig ist, wenn alle auf das System wirkenden Kräfte sich auf eine einzige Resultante zurückführen lassen, und dies wird immer der Fall sein, wenn die Bedingungsgleichung

$$XL + YM + ZN = 0$$

erfüllt ist, vorausgesetzt, dass die drei Resultanten X, Y, Z nicht zugleich Null sind, denn wären diese drei Kräfte Null, dann lassen sich offenbar die Kräfte $P,'$ $P,''$ P'''.... auf drei Paare reducieren, deren Grössen durch L, M, N ausgedrückt werden, und diese Paare können dann immer nur wieder auf ein anderes Paar reduciert werden.

Auch die vorhergehenden Rechnungen hätten dies zeigen können, jedoch auf eine weniger deutliche Weise; denn im Falle X, Y, Z Null sind, ergaben die obigen Gleichungen, dass die Schnittpunkte der Resultante mit den Coordinatenebenen in einer unendlich weiten Entfernung vom Angriffspunkte liegen.

Dieser Fall kann in der Geometrie nicht mehr betrachtet werden; denn um sich eine Gerade vorzustellen, welche die drei Coordinatenebenen im Unendlichen trifft, müsste man sich eine Gerade vorstellen, die zu allen drei sich nur in einem Punkte schneidenden Ebenen zugleich parallel wäre, was undenkbar ist. Es geht also daraus hervor, dass in diesem Falle die Annahme einer einzigen Resultante unstatthaft ist.

Folgerung V.

Allgemeine Reduction der Kräfte.

109. In jedem Falle aber lassen sich alle auf ein System wirkenden Kräfte auf eine einzige, durch den Angriffspunkt gehende Kraft und ein Paar zurückführen, dessen Ebene und Grösse leicht zu bestimmen ist. Diese Reduction lässt in keinem Falle eine Unklarheit übrig.

Als Resultante der in den Anfangspunkt transponierten Kräfte findet man

$$R = \sqrt{X^2 + Y^2 + Z^2}$$

Für die drei Winkel α, β, γ, welche ihre Richtung mit den drei Axen bildet, erhält man

$$\cos\alpha = \frac{X}{R}$$

$$\cos\beta = \frac{Y}{R}$$

$$\cos\gamma = \frac{Z}{R}.$$

Stellen ferner L, M, N respektive die drei resultierenden Paare, welche in den drei auf die Axen der x, y, z senkrechten Ebenen liegen, dar und ist G das Moment des aus ihnen resultierenden Paares, so erhält man für ihre Grösse den Ausdruck

$$G = \sqrt{L^2 + M^2 + N^2}$$

und für die Winkel λ, μ, ν, welche ein Lot auf die Ebene des Paares oder die Axen des Paares mit den drei Axen x, y, z respektive einschliesst

$$\cos\lambda = \frac{L}{G}$$

$$\cos\mu = \frac{M}{G}$$

$$\cos\nu = \frac{N}{G}.$$

Folgerung VI.

110. Will man direct ausdrücken, dass die Kräfte P', P'', P'''.... eine einzige Resultante haben, so müsste man nach dem im ersten Kapitel (71) Gesagten darstellen, dass die Resultante R und das resultierende Paar in Parallelebenen liegen, oder, was dasselbe ist, dass die Axe des Paares senkrecht zur Richtung der Resultante sei.

Sind nun α, β, γ die drei Winkel, welche die Richtung der Kraft R mit den drei Axen der x, y, z bildet, und λ, μ, ν die analogen Winkel, welche die Axe des Paares mit denselben drei Axen bildet, so weiss man aus der Geometrie (man sehe § 113), dass diese beiden Geraden im Raum aufeinander senkrecht stehen, wenn folgender Gleichung genügt wird:

$$\cos\alpha \cos\lambda + \cos\beta \cos\mu + \cos\gamma \cos\nu = 0.$$

Setzt man statt der cosinus ihre oben gefundenen Werte und multipliciert dann die ganze Gleichung mit RG, so erhält man

$$XL + YM + ZN = 0$$

wie wir weiter oben gefunden hatten.

Dabei muss stets vorausgesetzt werden, dass die Kraft R nicht Null ist, oder dass

$$\sqrt{X^2 + Y^2 + Z^2} > 0$$

ist, eine Bedingung, welche nur erfordert, dass die drei Kräfte X, Y, Z nicht zu gleicher Zeit Null sind.

Diese Bedingung, welche uns die Rechnung bei der Untersuchung der allgemeinen Resultante angab, ist also weiter nichts als der Ausdruck für die Bedingung, welche wir direct im ersten Kapitel fanden, damit nämlich die Kräfte, die nicht im Gleichgewicht sind, sich zu einer einzigen Kraft zusammensetzen können.

Bemerkung.

111. Um auszudrücken, dass beliebige Kräfte sich auf eine einzige reducieren lassen, hatten wir die folgenden drei bestimmten Gleichungen aufgestellt

$$\begin{aligned} X(Y'z' +) - Y(X'z' +) &= 0 \\ Y(Z'x' +) - Z(Y'x' +) &= 0 \\ Z(X'y' +) - X(Z'y' +) &= 0, \end{aligned} \qquad (A)$$

welche nicht, wie man sieht, die Gleichungen der Richtung der Resultante sind (106), wo aber X, Y, Z dieselben Werte wie dort haben, und wo der Kürze wegen die Summe der Produkte $(Y'z' + Y''z'' + \ldots.)$ durch $(Y'z' +)$, die Summe der Produkte $(X'z' + X''z'' + \ldots.)$ durch $X'z' +)$ etc., ausgedrückt ist.

Diese Gleichungen sind aber einmal nicht genügend das andere Mal zu zahlreich; sie können alle drei erfüllt sein, ohne dass man eine einzige Resultante hat, und es kann eine einzige Resultante geben, ohne dass den drei Gleichungen, und selbst nur einer von ihnen Genüge geschieht.

Es erhellt dieses schon aus der Vergleichung dieser Gleichungen mit der vorher aufgestellten; indessen kann man sich davon auch Rechenschaft ablegen, wenn man die Ueberlegung verfolgt, durch die man sie gefunden hat und ihre Bedeutung untersucht.

Denn nachdem man alle auf das System wirkenden Kräfte auf drei Gruppen von Parallelkräften zu den drei Coordinatenaxen, und diese drei Gruppen wieder auf drei partielle Resultanten X, Y, Z parallel zu denselben Axen zurückgeführt hat, nimmt man an, dass die drei Kräfte sich in demselben Punkte schneiden müssen, damit sie sich zu einer einzigen zusammensetzen können; dazu drückt man aus, dass die partiellen Resultanten, zwei zu zwei genommen, gleichweit entfernt sind von der Ebene, die ihnen parallel ist, und dies giebt die Gleichungen (A), denen zufolge die drei Kräfte in der That in einem einzigen Punkt zusammenlaufen und folglich eine einzige Resultante haben müssen.

Dabei aber übergeht man den Fall, wo die drei Gruppen nicht auf drei- respektive einfache Kräfte, sondern nur auf drei Paare reduciert werden können. Hier sind dann die drei partiellen Resultanten Null, den Gleichungen geschieht also Genüge und dennoch hat man nicht eine einzige Resultante, sondern ein resultierendes Paar. Die Gleichungen sind also nicht hinreichend.

Auf der andern Seite verlangen die Gleichungen zu viel; denn angenommen die drei Gruppen liessen sich auf drei einfache Kräfte reducieren, so ist offenbar nicht notwendig, dass sich diese, um eine einzige Resultante zu geben, alle drei in demselben Punkte schneiden müssen; es brauchen sich nur zwei von ihnen in demselben Punkte zu treffen, und die dritte irgendwo in der Richtung ihrer Resultante zu treffen. Merkwürdigerweise ist auch dies nicht einmal durchaus notwendig; denn die drei Kräfte X, Y, Z können auf eine einzige reduciert werden, ohne dass sich ihre Richtungen irgend wo im Raume treffen, wie wir direct in (75) gesehen haben.

Soll unsere Rechnung dasselbe ergeben, so sei a die kürzeste Entfernung der Kraft Y von Z, b die der Kraft Z von X, und c die der Kraft X von Y. Ferner wollen wir der Einfachheit wegen annehmen, die x-Axe falle in die Richtung der Geraden a, und die z-Axe in die der Kraft Z. In dieser Voraussetzung ist $L = 0$, $M = -Xc$, und $N = Xb - Ya$ und die Bedingungsgleichung

$$XL + YM + ZN = 0$$

verwandelt sich in

$$XYc - YZb + YZa = 0 .$$

Es ist klar, dass man drei Kräfte X, Y, Z in einer unendlichen Anzahl von verschiedenen Verhältnissen finden kann, welche dieser Gleichung genügen, und diese haben dann auch alle eine einzige Resultante, wie auch die gegenseitigen Abstände a, b, c ihrer Richtungen im Raume beschaffen sein mögen.

Da man nur eine einzige Gleichung hat, so kann man offenbar zwei dieser Kräfte rein willkürlich annehmen, und die Dritte daraus vermittelst der Gleichung bestimmen.

Nimmt man z. B. an, die beiden Kräfte X und Z wären durch die Geraden a und c dargestellt, so wird die dritte Kraft Y gleich $\frac{b}{2}$ sein. Auf diese Weise hat man also unter anderen drei Kräfte, welche in den drei Kanten eines rechtwinkligen Rhomboides, von denen zwei und zwei nicht parallel sind und nicht zusammenstossen, wirken, und welche dennoch eine einzige Resultante geben, die, wie man sofort sieht, durch die Mitte der kürzesten Entfernung b, welche die den Geraden a und c proportionalen Kräften X und Z trennt, gehen muss.

Man könnte eine grosse Anzahl anderer Beispiele anführen, und man darf immer zwei Kräfte rein nach Belieben annehmen, nur nicht in dem ganz besonderen Verhältnisse, dass dadurch der vorigen Gleichung gemäss die dritte Kraft unendlich wird.

Was übrigens hier für drei rechtwinklige Kräfte im Raum gesagt ist, gilt auch für Kräfte, die zu drei beliebigen schiefwinkligen Axen parallel sind; denn untersucht man in Bezug auf diese schiefwinkligen Axen, auf gleiche Weise wie in (106), die allgemeine Bedingung für eine einzige Resultante, so findet man eine Gleichung, die ganz der vorher aufgestellten ähnlich ist, und für den Fall unserer drei Kräfte gleichfalls

$$XYc - XZb + YZa = 0$$

ergiebt. Aus ihr ergeben sich also auch dieselben Folgerungen, wenn man beachtet, dass in dieser Gleichung a, b, c nicht mehr die gegenseitigen Abstände der drei schiefwinkligen Kräfte X, Y, Z, sondern drei gerade Linien sind, von denen jede zwei der Kräfte parallel mit der dritten Kraft verbindet.

Würden von den drei Linien a, b, c zwei Null, ohne dass es auch die dritte wäre, so reducierte sich die Gleichung nur auf ein einziges Glied, welches nicht anders Null werden kann, als wenn eine der drei Kräfte Null ist; d. h. liegen drei reelle endliche Kräfte der Art, dass die Richtung einer derselben, die Richtungen der beiden anderen nicht in einer Ebene liegenden Kräfte schneidet, so sind diese Kräfte niemals auf eine einzige reducierbar, ein Satz, der völlig mit dem am Ende von (78) Gesagten übereinstimmt.

Um also auf unseren Gegenstand zurückzukommen, so ist klar, dass von den drei Gleichungen (A), welche man schon vor unserer Theorie aufgestellt hatte, keine einzige für die in Rede stehende Bedingung notwendig ist, und dass sie zugleich der Aufgabe, die hier betrachtet wird;

fremd sind. Wir haben indessen über diese Gleichungen noch eine ebenso interessante Bemerkung zu machen.

Addiert man sie, was wegen ihrer Symmetrie leicht möglich ist, und was selbst der Verfasser derselben gethan hat, so giebt die Summe der drei Gleichungen genau unsere Gleichung $XL + YM + ZN = o$. Durch Zufall hat man auf diese Weise die wirkliche Gleichung gefunden, ohne sie indessen als solche zu erkennen; es unterlag gewiss keinem Zweifel, dass die Summe dieser drei Grössen auf unzählige Weisen Null sein könne, ohne dass eine einzige von ihnen selbst Null sei, und dass man also eine einzige Resultante erhalten könne, ohne dass eine der drei als notwendig erachteten Gleichungen wirklich stattfinde. Daraus hätte dann die Folgerung gezogen werden können, dass sie selbst nicht durchaus notwendig sind; und dass sie sammt der mangelhaften Analyse, wodurch sie gefunden wurden, hätten verworfen werden müssen. Indessen wusste man vor unserer Theorie noch nicht die allgemeine Bedingung für eine einzige Resultante genau aufzustellen.

Obgleich seitdem diese Analyse durch die von uns in (106) gegebene verbessert worden ist, so hielten wir dennoch diese kleine Abschweifung nicht für überflüssig, nicht nur, weil sie einen wichtigen Punkt der Zusamensetzung der Kräfte in helleres Licht setzt und die Falschheit der Voraussetzung zeigt, auf die man sich stützte, sondern vorzüglich deshalb, weil man diesen Fehlschuss heute noch nicht aufgegeben hat, und weil er wieder in ein berühmtes Werk aufgenommen worden ist, woraus der Verfasser der Gleichungen (A) ihn entlehnt zu haben scheint.

Folgerung VII.

112. Hat man die Gleichungen $L = 0$; $M = 0$; $N = 0$, so ist das Moment G des resultierenden Paares Null, und die auf das System wirkenden Kräfte setzen sich in eine einzige Kraft R zusammen, deren Richtung durch den Anfangspunkt der Coordinaten geht.

Da das Moment G nicht Null sein kann, wenn nicht die drei partiellen resultierenden Momente L, M, N zugleich Null sind, so müsste man, wenn man ausdrücken wollte, dass beliebige Kräfte sich zu einer einzigen durch einen bestimmten Punkt gehenden Kraft zusammensetzen lassen, unter der Voraussetzung, dass dieser Punkt zum Anfangspunkt der Coordinaten angenommen ist, die drei Gleichungen $L = 0$, $M = 0$, $N = 0$ aufstellen.

Bemerkung.

113. Wir beendigen diesen allgemeinen Artikel mit einem wichtigen Lehrsatz über die Methode, Kräfte nach einer gegebenen Richtung, und ihre Momente in Bezug auf eine gegebene Axe zu bestimmen, wenn man die Kräfte und deren Momente schon in Bezug auf drei rechtwinklige Axen kennt.

Zuvor wollen wir jedoch den geometrischen Satz, auf welchen wir uns (in 110) stützten, und dessen wir uns hier noch einmal bedienen wollen, beweisen.

Es mögen zwei beliebige gerade Linien auf irgend eine Weise im Raume liegen. Es seien α, β, γ die drei Winkel, welche die erstere mit den drei Coordinatenaxen bildet; λ, μ, ν die analogen Winkel, welche die zweite mit denselben Axen bildet. Ist dann θ der Winkel den die beiden Geraden mit einander bilden, so hat man

$$\cos\theta = \cos\alpha \cos\lambda + \cos\beta \cos\mu + \cos\gamma \cos\nu .$$

Denn transponiert man der Einfachheit halber unsere beiden geraden Linien parallel zu sich selbst in den Anfangspunkt, so bleiben die Winkel α, β, γ, λ, μ, ν und der Winkel θ dieselben. Man nehme nun auf der ersten Geraden vom Anfangspunkte an eine beliebige Länge d, deren Endpunkt die Coordinaten x, y, z hat. Ebenso nehme man auf der zweiten Geraden vom Anfangspunkte an eine andere beliebige Länge D, deren Endpunkt die Coordinaten x, y, z hat. Verbindet man nun die beiden Endpunkte durch eine Gerade H, so hat man ein Dreieck mit den drei Seiten d, D, H; und weil θ der Winkel zwischen den Seiten d und D dieses Dreiecks ist, so hat man bekanntlich

$$H^2 = d^2 + D^2 - 2dD\cos\theta .$$

Es ist aber:

$$d^2 = x^2 + y^2 + z^2$$
$$D^2 = \mathrm{x}^2 + \mathrm{y}^2 + \mathrm{z}^2$$

und

$$H^2 = (x - \mathrm{x})^2 + (y - \mathrm{y})^2 + (z - \mathrm{z})^2 .$$

Substituiert man diese Werte in die erste Gleichung, reduciert sie und entwickelt $\cos\theta$, so hat man

$$\cos\theta = \frac{x\mathrm{x} + y\mathrm{y} + + z\mathrm{z}}{dD}$$

oder

$$\cos\theta = \frac{x}{d}\cdot\frac{\mathrm{x}}{D} + \frac{y}{d}\cdot\frac{\mathrm{y}}{D} + \frac{z}{d}\cdot\frac{\mathrm{z}}{D} .$$

Es ist aber offenbar

$$\frac{x}{d} = \cos\alpha ; \quad \frac{y}{d} = \cos\beta ; \quad \frac{z}{d} = \cos\gamma$$

und ebenso

$$\frac{\mathrm{x}}{D} = \cos\lambda ; \quad \frac{\mathrm{y}}{D} = \cos\mu ; \quad \frac{\mathrm{z}}{D} = \cos\gamma$$

folglich ist

$$\cos\theta = \cos\alpha \cos\lambda + \cos\beta \cos\mu + \cos\gamma \cos\nu.$$

Sollen die beiden Geraden d und D rechtwinklig zu einander sein, so braucht man nur $\cos\theta = 0$ zu setzen und hat dann

$$\cos\alpha \cos\lambda + \cos\beta \cos\mu + \cos\gamma \cos\nu = 0,$$

welche Gleichung in (110) vorausgesetzt wurde.

114. Wir verwandeln nun die Buchstaben λ, μ, ν in α', β', γ' und betrachten eine Kraft R, die nach der Richtung der ersten Geraden wirkt. Wird diese Kraft in Bezug auf die zweite Gerade bestimmt oder auf sie projiciert, und nennt man die Projection R', so ist $R' = R\cos\theta$, oder, wenn für $\cos\theta$ der gefundene Wert gesetzt wird:

$$R' = R\cos\alpha \cos\alpha' + R\cos\beta \cos\beta' + R\cos\gamma \cos\gamma'.$$

Es drücken aber $R\cos\alpha$, $R\cos\beta$, $R\cos\gamma$ die drei Componenten der Kraft R nach den drei Axen aus; bezeichnet man diese also mit X, Y, Z, so hat man einfacher

$$R' = X\cos\alpha' + Y\cos\beta' + Z\cos\gamma'$$

d. h.: Soll eine Kraft, deren Componenten nach drei rechtwinkligen Axen bekannt sind, nach einer Richtung bestimmt werden, die von ihrer eigenen verschieden ist, so nimmt man die Summe dieser Componenten, nachdem man jede mit dem Cosinus des Winkels, den sie mit der neuen Richtung einschliesst, multipliciert hat.

Ganz analog kann man in der Geometrie, wenn man eine Linie auf eine andere projicieren will, sie erst auf drei rechtwinklige Axen, diese drei Projectionen darauf auf die gegebene Axe projicieren und dann diese neuen Projectionen zusammenfügen.

115. Betrachtet man auf ähnliche Weise ein Paar, dessen Moment durch ein Stück G seiner Axe dargestellt ist, und sind die aus der Zerlegung des Momentes nach drei rechtwinkligen Axen hervorgehenden respektiven Momente L, M, N, so ist klar, dass man wie oben zur Bestimmung des Momentes G in Bezug auf eine neue Axe, welche mit den drei ersteren die Winkel λ', μ', ν' bildet, nur die Summe der zusammensetzenden Momente L, M, N, multipliciert in die respektiven Cosinus dieser Winkel zu nehmen braucht, so dass, wenn G' der relative Wert des Momentes G ist, man erhält

$$G' = L\cos\lambda' + M\cos\mu' + N\cos\nu'.$$

Dies giebt den Lehrsatz: Die Summe der Momente von beliebig vielen Kräften, in Bezug auf irgend eine Axe, ist gleich den Summen der Momente, in Bezug auf drei rechtwinklige Axen, respektive multipliciert mit den Cosinus der Winkel, welche diese drei Axen mit der gegebenen neuen Axe einschliessen; ein Lehrsatz, der dem vorigen ganz analog ist.

Bedingungen des Gleichgewichts, wenn ein Körper oder ein System, worauf die Kräfte wirken, nicht völlig frei im Raume, sondern durch irgend welche Hindernisse gehemmt ist.

Wir betrachten bei dieser Untersuchung nur drei Hauptfälle, auf welche sich die anderen, wie wir später sehen werden, leicht zurückführen lassen.

I.

Vom Gleichgewicht eines Körpers, der sich nur um einen festen Punkt nach allen Richtungen frei drehen kann.

Die sechs Bedingungsgleichungen für das Gleichgewicht eines freien Körpers oder Systems sind, wie wir vorher gefunden haben

$$X = 0; \quad Y = 0; \quad Z = 0$$
$$L = 0; \quad M = 0; \quad N = 0.$$

116. Wir nehmen nun an, dass in dem System ein fester Punkt vorhanden sei, und dass man ihn zum Ursprung der Coordinaten gewählt habe. Dass hier Gleichgewicht herrschen könne, wenn auch jene sechs Bedingungsgleichungen nicht erfüllt sind, ist einleuchtend, denn obgleich der feste Punkt an und für sich nicht die mindeste Wirkung hervorzubringen im Stande ist, so kann er doch nichtsdestoweniger die Wirkung der Kräfte vernichten, deren Resultante auf ihn gerichtet ist, und so an die Stelle neuer Kräfte im Systeme treten.

Wie aber auch die Kräfte beschaffen sein mögen, deren Stelle ein fester Punkt durch seinen Widerstand vertritt, so ist doch offenbar, dass sie alle durch diesen Punkt gehen müssen, dass man sie sich also hier als in eine einzige Kraft zusammengesetzt, und folglich statt des festen Punktes eine einzige Kraft r vorstellen kann, deren Stelle der Widerstand des Punktes ersetzt, wo dann das System sich als völlig frei im Raume betrachten lässt.

Die sechs vorher angeführten Gleichungen werden demnach auch hier gelten, wenn man nur die neue Kraft r in sie einführt.

Da diese Kraft unmittelbar im Anfangspunkte angebracht ist, so giebt es drei neue Componenten x, y, z nach den drei Axen, und kein neues Paar in den drei Ebenen. Die sechs Bedingungsgleichungen für das Gleichgewicht sind also:

$$X + \mathrm{x} = 0; \quad Y + \mathrm{y} = 0; \quad Z + \mathrm{z} = 0$$
$$L = 0; \quad M = 0; \quad N = 0.$$

Die drei partiellen Resultanten X, Y, Z können demzufolge beliebige Werte haben. Denn nimmt man den Widerstand des festen Punktes nach jeder Richtung als unbegrenzt an, so können die drei Kräfte x, y, z beliebige Werte und beliebige Zeichen haben, und da sie dann immer gewissermassen den drei Kräften X, Y, Z, die ihnen entgegengesetzt und an demselben Punkte angebracht sind, gleich werden, so geschieht den drei ersten Gleichungen immer Genüge.

Es müssen aber ferner die drei partiellen resultierenden Momente L, M, N immer selbst Null sein, woraus man ersieht, dass es für das Gleichgewicht eines um einen festen Punkt rotierenden Körpers notwendig und hinreichend ist, dass die Summe der Momente der Kräfte in Bezug auf drei durch diesen Punkt gezogene rechtwinklige Axen für jede dieser drei Axen Null ist.

117. Sind alle auf den Körper wirkenden Kräfte parallel, so kann man durch den festen Punkt zwei zu ihren Richtungen parallele Ebenen legen und alle Paare in diesen Ebenen zerlegen. Es ist dann für das Gleichgewicht des Systems hinreichend, wenn die Summe der Momente in Bezug auf zwei auf diese Ebenen senkrechte Axen Null ist.

Sind alle Kräfte in derselben Ebene mit dem festen Punkte, so liegen alle in Rücksicht dieses Punktes gebildeten Paare gleichfalls in dieser Ebene, und es genügt dann, dass die Summe der Momente in Bezug auf eine einzige auf dieser Ebene in diesem Punkte senkrechten Axe Null ist.

Bemerkung.

118. Wir wissen bereits, dass die drei Gleichungen $L = 0$, $M = 0$, $N = 0$, welche allgemein das Gleichgewicht eines Systems bedingen, andererseits auch ausdrücken (112), dass die angebrachten Kräfte eine einzige, durch den festen Punkt gehende Resultante haben. Hätte man daher von dieser Folgerung als von einem Principe ausgehen wollen, d. h. hätte man sofort als evident angesehen, dass die Kräfte um einen festen Punkt nicht im Gleichgewicht sein können, wenn sie nicht eine einzige, nach dem

Punkte gerichtete Resultante haben, so würde daraus umgekehrt geschlossen werden können, dass für den Zustand des Gleichgewichts die drei Gleichungen $L = 0$, $M = 0$, $N = 0$ stattfinden müssen, wodurch man also zu demselben Resultate gelangt wäre.

Folgerung.

Von dem Druck der Kräfte auf den festen Punkt.

119. Obgleich wir vorausgesetzt haben, dass der Widerstand des festen Punktes nach allen Seiten hin unbegrenzt sein sollte, so wird dieser doch nur, wenn die gegebenen Kräfte an ihm gegenseitig im Gleichgewicht sind, eines begrenzten bestimmten Widerstandes bedürfen. Nimmt man diesen bestimmten Widerstand im umgekehrten Sinne, so hat man den Druck, den der Punkt von den Kräften des Systems erleidet.

Um also diesen Druck zu bestimmen, braucht man nur die Kraft $-r$ zu berechnen. Aus den obigen Gleichungen ergeben sich die drei Componenten derselben $-\mathrm{x}$, $-\mathrm{y}$, $-\mathrm{z}$ nach den drei Axen

$$-\mathrm{x} = X; \quad -\mathrm{y} = Y; \quad -\mathrm{z} = Z.$$

Der Druck ist also gleich der Resultante aller Kräfte des Systems, die parallel zu sich selbst in den festen Punkt transponiert sind. Man hätte dies auch unmittelbar erkennen können, denn der feste Punkt kann nur von den parallel zu sich selbst in ihn transponierten Kräften und von den durch diese Kräfte in Bezug auf den festen Punkt gebildeten Paaren einen Druck erleiden; da aber diese Paare an und für sich im Gleichgewicht sein müssen, d. h. auch dann im Gleichgewicht sein würden, wenn der Körper völlig frei wäre, so geht daraus hervor, dass sie auf den festen Punkt nicht drücken können, dass dieser folglich nur von der Resultante der ersteren Kräfte einen Druck erleidet.

II.

Vom Gleichgewicht eines Körpers, der nur um eine zwei feste Körper verbindende Axe rotieren kann.

120. Es seien A und B (Fig. 36) die beiden festen Punkte. Wir wollen AB als eine der drei Axen, z. B. als Abscissenaxe, und den festen Punkt A als Anfangspunkt der Coordinaten annehmen.

Wie auch die Kräfte beschaffen sein mögen, deren Stelle die beiden festen Punkte durch ihren Widerstand vertreten, so kann man sie immer als auf zwei Kräfte r und r' reduciert ansehen, die unmittelbar an diesen Punkten angebracht sind, und auf diese Weise für die beiden festen Punkte A und B die beiden respektiven Kräfte r und r', welche ihre Widerstände vertreten, substituieren, wo dann das System als völlig frei im Raume anzüsehen ist.

Die sechs Bedingungsgleichungen für das Gleichgewicht werden also auch gelten, wenn man in sie die neuen Kräfte r und r' einführt.

Die Kraft r, welche unmittelbar an A wirkt, giebt also die drei Componenten x, y, z nach den drei Axen, und **kein** Paar in den Ebenen.

Die Kraft r, welche an B angebracht ist, giebt drei Componenten x', y', z', die erste in der Abscissenaxe, die beiden andern in den respektiven Ebenen XY, XZ. Wird die erste Kraft x', welche in die Abscissenaxe fällt, in den Anfangspunkt transponiert, so giebt sie ein Paar das Null ist; werden aber die beiden anderen Kräfte y', z' in den Anfangspunkt transponiert, so geben sie zwei Paare, die in den respektiven, an der Rotationsaxe anliegenden Ebenen XY, XZ liegen, und die Momente dieser Paare sind, wenn man $AB = a$ setzt, $\mathrm{y}'a$, $\mathrm{z}'a$.

Die Bedingungsgleichungen des Gleichgewichts werden also

$$X + \mathrm{x} + \mathrm{x}' = 0; \quad Y + \mathrm{y} + \mathrm{y}' = 0; \quad Z + \mathrm{z} + \mathrm{z}' = 0$$
$$L = 0; \quad M + \mathrm{z}'\,a = 0; \quad N - \mathrm{y}'\,a = 0.$$

Den fünf Grössen X, Y, Z, M, N kann man also beliebige Werte geben; denn nimmt man den Widerstand der beiden festen Punkte als unbegrenzt nach allen Richtungen an, so können die Grössen x, y, z, x', y', z' beliebige Werte und Zeichen haben, und man wird den drei ersteren und den zwei letzteren Gleichungen immer genügen können.

Zum Gleichgewicht der auf das System wirkenden Kräfte muss aber stets die Bedingung $L = 0$ erfüllt sein, was zu dem Satz führt, dass sich die Bedingungen des Gleichgewichts eines um eine feste Axe rotierenden Körpers darauf zurückführen lassen, dass die Summe der Momente der Kräfte in Bezug auf diese Axe selbst Null sei.

Bemerkung.

121. Sind die beiden Punkte A und B nicht nach allen Richtungen hin fest, sondern können sie sich in der Geraden AB fortbewegen, wie wenn man sie sich untereinander verbunden und in einen unendlich engen Kanal AB eingeschlossen dächte, so sind ihre Widerstände x und x' in Richtung der Abscissenaxe in sich Null, und man hat dann auch die Gleichung $X = 0$, so dass also, wenn sich der Körper in der Richtung der Rotationsaxe fortbewegen kann, ausser der oben aufgestellten Bedingung noch die erfüllt sein muss, dass die Summe der parallel zu dieser Axe zerlegten Kräfte in sich Null sein muss.

Folgerung.

Vom Druck der Kräfte auf die beiden festen Punkte.

122. Da diese Druckkräfte nichts anderes sind als die wirklichen Widerstände r und r' der beiden festen Punkte, nach entgegengesetztem Sinne genommen, so hat man zur Bestimmung ihrer Componenten $-\mathrm{x}$, $-\mathrm{y}$, $-\mathrm{z}$, $-\mathrm{x}'$, $-\mathrm{y}'$, $-\mathrm{z}'$, welche den drei Axen parallel sind, die fünf Gleichungen

$$X + \mathrm{x} + \mathrm{x}' = 0; \quad Y + \mathrm{y} + \mathrm{y}' = 0; \quad Z + \mathrm{z} + \mathrm{z}' = 0$$
$$M + \mathrm{z}' a = 0; \quad N - \mathrm{y}' a = 0.$$

Da es in diesen fünf Gleichungen sechs unbekannte Grössen giebt, so scheinen diese Druckkräfte $-r$ und $-r'$ nicht bestimmbar zu sein, oder als könnte man eine von den sechs Componenten beliebig annehmen. Bemerkt man aber, dass die beiden unbekannten Grössen $-\mathrm{x}$ und $-\mathrm{x}'$ nur in der ersten Gleichung auftreten, so sieht man ein, dass die vier anderen uns bekannten Grössen durch die vier übrigen Gleichungen völlig bestimmt sind. In der That erhält man aus den beiden letzteren sofort

$$-\mathrm{y}' = -\frac{N}{a}; \quad -\mathrm{z}' = \frac{M}{a}$$

und wenn man diese Werte in die zweite und dritte Gleichung substituiert

$$-\mathrm{y} = \frac{Ya + N}{a}; \quad -\mathrm{z}' = \frac{Za - M}{a}.$$

Die Unbestimmtheit erstreckt sich also nur auf die beiden Componenten $-\mathrm{x}$ und $-\mathrm{x}'$, deren Summen nun durch die Gleichung $X + \mathrm{x} + \mathrm{x}' = 0$ gegeben ist.

Die beiden Kräfte $-\mathrm{y}$, $-\mathrm{z}$, welche senkrecht auf der Rotationsaxe im Punkt A sind, setzen sich in eine einzige $\sqrt{\mathrm{y}^2 + \mathrm{z}^2}$ zusammen, die senkrecht auf derselben Axe steht und mit den Axen der y und z Winkel einschliesst, deren Cosinus respektive

$$\frac{-\mathrm{y}}{\sqrt{\mathrm{y}^2 + \mathrm{z}^2}}; \quad \frac{-\mathrm{z}}{\sqrt{\mathrm{y}^2 + \mathrm{z}^2}}$$

sind.

Ebenso setzen sich die beiden Kräfte $-\mathrm{y}'$, $-\mathrm{z}'$, senkrecht zur Rotationsaxe im Punkte B, in eine einzige, gleichfalls auf dieser Axe senkrechte Kraft $\sqrt{\mathrm{y}'^2 + \mathrm{z}'^2}$ zusammen, welche mit den Axen der y und z

Winkel einschliesst, deren Cosinus respektive

$$\frac{-y'}{\sqrt{y'^2+z'^2}};\quad \frac{-z'}{\sqrt{y'^2+z'^2}}$$

sind.

Die beiden zur Axe in den respektiven Punkten A und B normalen Druckkräfte sind dadurch der Grösse und Richtung nach fest bestimmt, und folglich können die absoluten Druckkräfte $-r$ und $-r'$ weiter keine besondere Unbestimmtheit enthalten, als dass man sie so wählen muss, dass wenn jede von ihnen in zwei andere, eine nach der Axe, die andere senkrecht zu ihr zerlegt wird, die beiden Normalkräfte die eben gefundenen Werte und Richtungen haben, die beiden in der Axe liegenden Kräfte aber eine constante Summe gleich X bilden.

123. Um einzusehen, woher diese Unbestimmtheit kommt, die von der Unbestimmtheit der nötigen Widerstände x, x', welche die festen Punkte A und B in der Richtung der sie verbindenden Geraden zu leisten haben, abhängt, braucht man nur zu beachten, dass diese beiden Punkte, die man sich durch einen unbiegsamen Faden mit einander verbunden denken kann, sich einander einen gegenseitigen Stützpunkt gewähren, so dass jeder von ihnen, entweder durch sich selbst, oder durch die Hilfe des anderen, immer die zum Gleichgewicht nötige Widerstandskraft hat, wenn nur die Summe der beiden Widerstände hinreichend gross ist. Man kann deshalb auch unmöglich verlangen, dass die Rechnung besondere Werte für die beiden Widerstandskräfte nachweise, weil beide teilweise oder gänzlich von einem Punkte in den anderen übergehen und sich zu einer und derselben Widerstandskraft verschmelzen.

III.

Vom Gleichgewicht eines sich gegen eine starre Ebene lehnenden Körpers.

124. Diese Ebene mag die xy-Ebene oder die Horizontalebene sein, und wir wollen zuerst annehmen, der Körper stütze sich gegen sie nur in einem einzigen Punkte A, den wir als Anfangspunkt der Coordinaten betrachten.

Man erkennt leicht, dass, wenn eine Kraft einen Punkt gegen eine Ebene drückt, diese Kraft stets als in zwei andere Kräfte, die eine senkrecht auf der Ebene, die andere in die Ebene fallend, zerlegt gedacht werden kann. Die erstere wird notwendig durch den Widerstand der Ebene vernichtet, weil kein Grund vorhanden ist, weshalb sie den Punkt mehr nach der einen als nach der anderen Seite bewegen sollte; und andererseits kann sie ihn nicht hindurch treiben. Die zweite wirkt aber mit ihrer ganzen Kraft, weil ihre Wirkung nicht durch das Vorhandensein einer Ebene geschwächt oder vernichtet werden kann, längs deren sie wirkt. Die widerstehende Ebene kann folglich nur die Kräfte vernichten, die senkrecht zu ihr wirken; ihr Widerstand kann deshalb auch nur solche Kräfte in dem System entstehen lassen.

Ist also z der vorhandene Widerstand des Stützpunktes in der z-Axe, so sind die Bedingungsgleichungen des Gleichgewichts

$$X = 0; \quad Y = 0; \quad Z + \mathrm{z} = 0$$
$$L = 0; \quad M = 0; \quad N = 0.$$

Aus den drei letzteren geht hervor (112), dass die auf den Körper wirkenden Kräfte sich auf eine einzige Kraft reducieren lassen müssen, welche durch den Ursprung der Coordinaten, also durch den Stützpunkt geht.

Die beiden ersteren Gleichungen zeigen, dass diese Resultante vertikal d. h. senkrecht zur festen Ebene sein muss.

Die dritte Gleichung $Z + \mathrm{z} = 0$ lehrt, dass diese Resultante Z einen beliebigen Wert haben kann, sobald ihr Zeichen dem des Widerstandes z der Ebene entgegengesetzt ist. Nimmt man also an, wie wir es in Zukunft thun wollen, dass der Körper auf der xy-Ebene liege, so darf die Kraft Z nicht positiv sein, weil sie sonst, strebend den Körper über die Ebene in die Höhe zu heben, gar keinen Widerstand leisten würde, und die Ebene als zum Gleichgewicht garnicht vorhanden betrachtet werden müsste, wo dann dieselben Bedingungen des Gleichgewichts gelten würden, als wenn das System völlig frei wäre.

125. Wir wollen nun annehmen, dass sich der Körper noch gegen einen zweiten Punkt A stütze. Wir nehmen AB zur x-Axe und den Punkt A zum Anfangspunkt der Coordinaten an.

Der Punkt A erzeugt einen Widerstand z in der z-Axe selbst. Der Punkt B erzeugt einen Widerstand z' in der xz-Ebene und giebt in dieser Ebene ein Paar, dessen Moment $\mathrm{z}'a'$ ist, wenn $AB = a'$ gesetzt wird.

Die Bedingungsgleichungen des Gleichgewichts sind also

$$X = 0; \quad Y = 0; \quad Z + \mathrm{z} + \mathrm{z}' = 0$$
$$L = 0; \quad M + \mathrm{z}'a' = 0; \quad N = 0.$$

Aus diesen Gleichungen geht hervor, dass den beiden Bedingungsgleichungen $XL + YM + ZN = 0$ und $\sqrt{X^2 + X^2 + Z^2} > 0$ genügt ist (der letzteren, weil die beiden Widerstandskräfte z und z' nicht beide zugleich Null sein können und also die Kraft Z, da sie beide dieselben

Zeichen haben, immer einen reellen Wert haben muss). Die auf das System wirkenden Kräfte müssen also eine einzige Resultante haben.

Die beiden ersten Gleichungen zeigen, dass diese Resultante vertical, d. h. senkrecht zur festen Ebene sein muss; die dritte $Z + z + z' = 0$, dass sie jeden beliebigen Wert haben kann, wenn sie nur nicht positiv ist.

Sucht man endlich die Werte der beiden Coordinaten p und q des Punktes O, wo die Richtung der Resultante die Horizontalebene treffen muss, so hat man nach (108)

$$p = \frac{M}{Z}; \quad q = -\frac{L}{Z}$$

und statt L, M, Z ihre Werte aus den vorigen Gleichungen gesetzt

$$p = a' \frac{z'}{z + z'}; \quad q = 0.$$

Da $q = 0$ ist, muss dieser Punkt, in welchem die Richtung der Resultante die Horizontalebene schneidet, in die Abscissenaxe, oder, was dasselbe ist, in die Verbindungslinie der beiden Stützpunkte fallen. Weil ferner $p = a' . \frac{z'}{z + z'}$ und $\frac{z'}{z + z'}$ stets < 1 ist, so muss p stets $< a'$ sein, also die Richtung der Resultante immer zwischen die beiden Stützpunkte A und B fallen.

126. Endlich möge sich der Körper gegen die Ebene in noch beliebig vielen anderen Punkten C, D.... stützen, die alle auf derselben Seite in Bezug auf die als Abscissenaxe x betrachteten geraden Linie AB liegen mögen. Wir behalten für die Punkte A und B die vorigen Bezeichnungen bei, und nennen a'', b'' die beiden Coordinaten des Punktes C, a''', b''' die des Punktes D etc. —

Wird die Widerstandskraft z'' des Punktes C in den Anfangspunkt transponiert, so giebt sie zwei Paare in der Verticalebene XZ, YZ deren Momente $z''a''$, $z''b''$ sind. Die Widerstandskraft z''' des Punktes D giebt gleichfalls zwei Paare in denselben Ebenen, deren Momente $z'''a'''$, $z'''b'''$ sind etc.

Die Bedingungsgleichungen des Gleichgewichts sind also:

$$X = 0; \quad Y = 0; \quad Z + z + z' + z'' + z''' + \cdots = 0$$

$$L - z'' b'' - z''' b''' - \cdots = 0$$

$$M + z' a' + z'' a'' + z''' a''' + \cdots = 0$$

$$N = 0.$$

Aus diesen Gleichungen sieht man zuerst, wie im vorigen Artikel, dass alle am System wirkenden Kräfte auf eine einzige Kraft reducierbar sein müssen, die senkrecht auf der festen Ebene steht und deren Wert nicht positiv sein darf.

Zweitens muss die Richtung der Resultante die Ebene im Innern des von den Punkten A, B, C, D,.... gebildeten Polygons treffen; denn bezeichnet q wie vorher die Ordinate des Schnittpunktes O der Resultante mit der Horizontalebene, so hat man $q = -\frac{L}{Z}$, und, für L und Z ihre Werte aus den vorigen Gleichungen gesetzt

$$q = \frac{z'' b'' + z''' b''' + \cdots}{z + z' + z'' + z''' + \cdots}.$$

Die Kräfte z, z', z'', z'''.... sind alle positiv, und die Ordinaten b'', b'''.... haben alle dasselbe Zeichen, weil unserer Annahme nach alle Punkte C, D,.... auf derselben Seite der Abscissenaxe liegen; die Ordinate q hat also einerlei Zeichen mit diesen Coordinaten, und daher liegt der Punkt O mit den Punkten C, D.... auf derselben Seite der Verbindungslinie AB. Da man nun zur Abscissenaxe auch jede andere Gerade AC, BD, ..., welche zwei Stützpunkte verbindet und die anderen alle auf derselben Seite zu liegen hat, wählen könnte, so muss der Punkt O mit den übrigen Stützpunkten auf dieselbe Seite von jeder dieser Geraden, und also notwendig in's Innere des von ihnen gebildeten Polygons fallen.

Folgerung.

Vom Druck der Resultante aus den Kräften eines Systems auf die verschiedenen Stützpunkte.

127. Diese Druckkräfte sind die nach entgegengesetztem Sinne genommenen Widerstände z, z', z'', z''',...., deren die Stützpunkte A, B, C, D.... für den Zustand des Gleichgewichts bedürfen. Zu ihrer Bestimmung dienen also die drei Gleichungen

$$Z + z + z' + z'' + \cdots = 0$$
$$L - b'' z'' - b''' z''' - \cdots = 0$$
$$M + a' z' + a'' z'' + a''' z''' + \cdots = 0.$$

Da man nun drei Gleichungen erhält, mit der einzigen Bedingung, dass alle unbekannten Grössen z, z', z'', z'''.... positiv sein müssen, so bleiben folglich die verschiedenen, auf die Ebene ausgeübten Druckkräfte unbestimmt, wenn mehr als drei Stützpunkte vorhanden sind, ja selbst wenn im Falle dreier Stützpunkte diese in einer geraden Linie liegen.

Denn nimmt man an, dass der dritte Punkt C mit den beiden anderen A und B in die Abscissenaxe fällt, so wird die Ordinate b'' Null, die Unbedannte z'' verschwindet von selbst aus der Gleichung $L - b''z'' = 0$, es bleiben also nur zwei Gleichungen zur Bestimmung der drei Unbekannten z, z', z'' übrig, die deshalb auch unbestimmt sind.

In diesem Falle kann man daher eine einzige, und im allgemeinen Falle so viele Druckkräfte beliebig annehmen, als Stützpunkte über drei vorhanden sind. Aus den beliebig angenommenen lassen sich dann die übrigen durch die vorstehenden Gleichungen bestimmen, und wenn unter den verschiedenen Voraussetzungen die Rechnung keine positive Druckkraft giebt, so ist das Problem immer richtig gelöst.

Folgerung.

128. Den oben gefundenen Principien gemäss finden wir, dass die Druckkräfte unbestimmt sind, wenn mehr als drei Stützpunkte vorhanden sind. Betrachtet man andererseits aber a priori einen sich gegen eine Ebene in beliebig vielen Punkten lehnenden und von einer Normalkraft auf dieser Ebene im Gleichgewicht gehaltenen Körper, so scheint offenbar jeder Berührungspunkt wirklich gepresst werden zu müssen, und wenn dies der Fall ist, so scheint er mit einer ganz bestimmten Kraft gepresst zu werden, was absurd sein würde und einen Widerspruch ergiebt, der sich nicht ganz leicht heben zu lassen scheint.

Wir wollen uns aber hüten, mit d'Alembert daraus zu schliessen, dass die bekannte Theorie zur Lösung des betrachteten Problems nicht ausreicht, denn wir werden sehen, dass dieses durch die gemachte Voraussetzung in sich unbestimmt ist, und dass die Theorie alles giebt, was man verlangen kann, ohne sich selbst zu widersprechen.

Der Annahme zufolge wollten wir einen Körper von durchaus unveränderlicher Form betrachten; man kann also die Berührungspunkte desselben als durch eine völlig unbiegsame, auf den festen Punkten $A, B, C, D \ldots$ ruhende Ebene vereinigt ansehen. Hat man nun mehr als drei Stützpunkte, oder auch nur drei, die in einer geraden Linie liegen, so lässt sich leicht einsehen, dass gewisse Teile von den durch die Ebene auf diese Punkte ausgeübten Druckkräften gegenseitig von einigen dieser Punkte auf die übrigen übertragen werden können, so dass man weder sie selbst bestimmen, noch angeben kann, auf welche Stützpunkte vorzugsweise sie ausgeübt werden, ohne die Voraussetzung völliger Unbiegsamkeit der die Punkte des Körpers verbindenden Ebene zu vernichten.

Um uns verständlicher zu machen, wollen wir ein Beispiel wählen. Gesetzt, es handle sich um einen Körper (Fig. 37), der auf drei in einer geraden Linie liegenden Punkten ruht; wir wollen uns diese durch einen starren, unbiegsamen, auf den drei Punkten A, B, C ruhenden Faden vereinigt denken. Weiss man nun auch, dass dieser Faden in den drei respektiven Punkten A, B, C von drei parallelen Normalkräften P, Q, R gedrückt wird, so folgt daraus noch nicht, dass die auf die Stützpunkte ausgeübten Druckkräfte auch wirklich respektive den Kräften P, Q, R gleich sind, weil es jedesmal gestattet ist, sich in den beiden äussersten Kräften P und R zwei Teile u und u' zu denken, die durchaus nicht weiter auf die Stützpunkte A und C drücken. Nimmt man diese beiden Teile im umgekehrten Verhältnis ihrer Entfernungen AB und BC vom Punkte B aus, so können sie, weil der Faden völlig unbiegsam sein soll, auf den Stützpunkt B drücken, und sich dort mit der Kraft Q verbinden. Auf diese Weise ist hier eine unbestimmte Druckkraft $u + u'$ vorhanden, die ganz in B oder in ihren beiden Teilen u und u' auf die Punkte A und C fallen kann, ohne dass sich bestimmen lässt, wie gross sie an sich ist, noch wohin sie vorzugsweise fällt, wenn man nicht die Voraussetzung einer völligen Unbiegsamkeit des die Berührungspunkte des Körpers verbindenden Fadens vernichten will.

129. Uebrigens ist diese besondere Unbestimmtheit von derselben Art, wie die in (123) beobachtete und erläuterte. Für den Fall, dass man mehr als drei Stützpunkte, oder auch nur drei hat, welche aber in einer geraden Linie liegen, sind nämlich die Druckkräfte oder Widerstände deren die Stützpunkte für den Gleichgewichtszustand bedürfen, nur deshalb unbestimmt, weil alsdann die zwischenliegenden Stützpunkte den anliegenden von ihren Widerständen mitteilen können, so dass man bei vollkommen fester Verbindung der Stützpunkte ihre individuellen Widerstände von denen, die sie wechselseitig unter sich auswechseln, nicht mehr unterscheiden kann.

Die Theorie zeigt denn auch, dass man, wenn nur die individuellen Widerstände der Punkte zusammen den oben aufgestellten Gleichungen genügen, die Druckkräfte auf irgend eine andere, durch die Gleichungen gestattete Weise über die einzelnen Stützpunkte verteilen könne, und dass jeder Stützpunkt entweder in dem eigenen Widerstande allein oder vereint mit dem von anderen Stützpunkten entlehnten Widerstande denjenigen Widerstand finde, dessen er zur Vernichtung der auf ihn wirkenden Druckkraft bedarf.

Nicht so verhält es sich, wo nur zwei Stützpunkte oder drei nicht in gerader Linie liegende vorhanden sind. In diesem Falle sind die Widerstände bestimmt und müssen dies sein; denn da sich hier jeder Stützpunkt seitwärts von dem anderen, oder im zweiten Falle seitwärts von der die beiden anderen verbindenden geraden Linie allein befindet, so kann er offenbar nur seinen eigenen Widerstand haben und von den benachbarten auch keinen Widerstand entlehnen, wenn der eigene nicht hinreichend wäre.

130. Das soeben von uns zergliederte Paradoxon ist um so auffallender, weil bei den in der Natur vorkommenden Körpern die auf die verschiedenen

Berührungspunkte ausgeübten Druckkräfte notwendig in jedem Falle bestimmt sein müssen.

Hier aber sind alle Körper mehr oder weniger biegsam und elastisch. Werden sie in verschiedenen, in derselben Ebene liegenden Punkten gegen einander gedrückt, so verteilt sich der Gesammtdruck auf besondere Weise vermöge dieser physischen Eigenschaften und der oben in (127) aufgestellten Gleichungen, denen die einzelnen Druckkräfte immer genügen müssen. Um also hier die Bewegungsgleichungen zu finden, muss man auch jenen physischen Eigenschaften Rechnung tragen, und man wird dann ebenso viele Gleichungen erhalten als Berührungspunkte vorhanden sind, und daraus die verschiedenen Druckkräfte erfahren. Es ist das eine sehr scharfsinnige Untersuchung aus dem Gebiete der Physik, die wir hier nicht weiter berühren wollen.

131. Was wir vom Gleichgewicht eines sich gegen eine einzige Ebene lehnenden Körpers gesagt haben, lässt sich leicht auf einen Körper anwenden, der sich gegen mehrere Ebenen zugleich stützt. Jede dieser Ebenen erzeugt in den verschiedenen Berührungspunkten Normalkräfte zu seiner Oberfläche; führt man diese unbestimmten neuen Kräfte in die sechs Bedingungsgleichungen des Gleichgewichts ein, so erhält man leicht die Bedingungen, die von den ursprünglich angebrachten Kräften erfüllt sein müssen.

132. Lehnt sich der Körper in verschiedenen Punkten gegen eine oder mehrere beliebige krumme Oberflächen, so kann man annehmen, dass er sich gegen die an die krummen Oberflächen, in den Berührungspunkten gelegten Tangentialebenen anlehne. Kennt man also die Gleichungen dieser krummen Oberflächen, so sucht man daraus die Gleichungen der Tangentialebenen oder der zu den verschiedenen Berührungspunkten gehörigen Normalen, führt darauf in die Bedingungsgleichungen des Gleichgewichts eben so viele nach diesen Normalen gerichtete, unbestimmte Kräfte ein, als es Berührungspunkte giebt, und hat so die Aufgabe auf die vorige zurückgeführt.

Kapitel III.

Von den Schwerpunkten.

Bisher haben wir von der Schwerkraft der Körper abgesehen, jetzt wollen wir nun diese allgemeine Eigenschaft der Materie berücksichtigen und sehen, wie sich die bisher aufgestellten Principien auf das Gleichgewicht solcher Körper anwenden lassen, wie sie in der Natur vorkommen.

I.

133. Schwere oder Schwerkraft nennt man die unbekannte Ursache, welche die sich selbst überlassenen Körper gegen die Erde niedertreibt.

Da die Schwere Bewegung erzeugt, so muss man sie als eine Kraft betrachten. Die Schwerkraft durchdringt die feinsten Teile der Körper und wirkt auf alle ihre Moleküle ganz gleichförmig; denn die Erfahrung zeigt, dass im leeren Raume beliebige Körper von ungleichen Massen, z. B. eine Bleikugel und die leichteste Flaumfeder, von derselben Höhe mit derselben Geschwindigkeit herunterfallen, woraus folgt, dass die Moleküle eines fallenden Körpers alle so niederfallen, als lägen sie ohne weitere Verbindung neben einander. Auf diese Weise afficiert die Schwerkraft alle Moleküle des Körpers, und zwar jedes gleichmässig.

Die Intensität der Schwerkraft jedoch ist nicht genau dieselbe für Moleküle an verschiedenen Orten der Erdkugel; sie variiert auf der Erdoberfläche vom Aequator an, wo sie am kleinsten, bis zum Pole, wo sie am grössten ist; ferner nimmt sie in demselben Abstande vom Aequator mit der weiteren Entfernung der Moleküle vom Erdmittelpunkte ab, und zwar so, dass diese Abnahme dem Quadrate der Entfernung des Körpers vom Erdcentrum proportional ist. Die gewöhnlich in der Statik betrachteten Moleküle der Körper liegen jedoch weder in so verschiedenen Abständen vom Aequator, noch vom Mittelpunkt der Erde, dass hier die Variationen der Schwerkraft merklich werden könnten, weshalb man denn auch die Schwere in der Statik als eine constante Kraft zu betrachten berechtigt ist,

Die Richtung der Schwerkraft wird genau durch die eines im Gleichgewicht befindlichen Bleilotes oder durch ein auf eine ruhende Wasserfläche gefälltes Lot dargestellt.

Diese Richtung heisst für den Ort, für den sie betrachtet wird, die Verticale, und jede auf der verticalen senkrechten Ebene wird Horizontalebene genannt.

Da die Erdoberfläche oder die Oberfläche des Meeres sehr nahe eine Kugeloberfläche ist, so schneiden sich auch die Richtungen der Schwere nahe im Erdcentrum. So wie man also auf der Erde fortgeht, ändert sich auch die Verticale und die Horizontalebene; da aber in der Statik die Entfernungen in der Regel gegen den Erdhalbmesser, der nahe 860 Meilen lang ist, nur unbedeutend sind, so können zwei wenig von einander entfernte Verticalen, welche ihren Schnittpunkt in einer so grossen Entfernung haben, ohne merklichen Fehler als parallel angesehen werden.

Wir betrachten deshalb alle gleichen Moleküle eines schweren Körpers als von kleinen Kräften getrieben, die gleich, parallel und von demselben Sinne sind, und wir können dann auf die aus der Schwere hervorgehenden Kräfte das anwenden, was wir früher über Parallelkräfte gesagt haben, die an mehreren, auf unveränderliche Weise mit einander verbundenen Punkten wirken.

134. Zuerst ergiebt sich also der Satz: Die Resultante aller Parallelkräfte der Schwere ist dieser selbst parallel, mithin vertical. Zweitens: Die Resultante ist gleich der Summe dieser Kräfte.

Die Grösse dieser Resultante nennt man das Gewicht eines Körpers; dieses ist folglich der Anzahl der den Körper bildenden Moleküle oder der Quantität seiner Materie, welche man seine Masse nennt, proportional. Man hat also den Ausdruck Schwere oder Schwerkraft von dem Worte Gewicht wohl zu unterscheiden. Die Schwerkraft ist die Ursache, welche die Körper gegen die Erde treibt; das Gewicht ist die besondere aus ihr für jeden Körper resultierende Kraft, die der Masse des Körpers proportional und der Energie, welche nötig ist ihn festzuhalten, gleich ist.

135. Da es drittens, wie wir gesehen haben, für an verschiedenen Punkten angebrachte Paralellkräfte einen Mittelpunkt, d. h. einen einzigen Punkt giebt, in dem sich die successiven Resultanten dieser Gruppe von Kräften schneiden, wenn man sie allmählich in andere Lagen bringt, so giebt es für einen schweren Körper auch stets einen einzigen Punkt, durch den fortwährend die Richtung seiner Gewichtskraft geht, wenn der Körper allmählig verschiedene Lagen gegen die Horizontalebene erhält, weil in den verschiedenen Lagen die man ihm giebt, die Schwerkräfte, welche die einzelnen Moleküle treiben, dieselben bleiben, in denselben Punkten wirken und stets parallel sind; ihre Resultanten schneiden sich also beständig in einem Punkte. Dieser einzige Punkt, durch welchen immer die Richtung der Gewichtskraft geht, wie auch der Körper gegen die Horizontalebene liegen mag, heisst der Schwerpunkt des Körpers.

136. Ist der Schwerpunkt eines Körpers fest, so befindet sich der Körper in jeder beliebigen Lage um ihn im Gleichgewicht; bringt man also den Körper um diesen Punkt in irgend eine Lage und lässt ihn daselbst, so bleibt er in dieser Lage; denn die Resultante der Gewichtskräfte geht immer durch den festen Punkt, wo sie aufgehoben wird. Aus diesem Grunde haben viele Schriftsteller über die Statik für den Schwerpunkt die Definition gegeben: der Schwerpunkt eines Körpers ist ein dergestalt liegender Punkt, dass, wenn man ihn sich fest denkt, der Körper in allen möglichen Lagen um ihn im Gleichgewichte bleibt. Indessen ist aber passender a priori zu zeigen, dass es für jeden Körper immer einen solchen Punkt giebt, und mithin, dass jeder Körper einen Schwerpunkt hat, bevor man den Schwerpunkt selbst definiert.

137. Da der Schwerpunkt eines Körpers mit dem Mittelpunkte aller auf die Moleküle des Körpers wirkenden parallelen Gewichtskräfte zusammenfällt, und da alle diese Kräfte einander gleich sind, so folgt aus (87), dass die Entfernung des Schwerpunktes von irgend einer Ebene gleich ist der mittleren Entfernung aller Moleküle des Körpers von derselben Ebene. Die Lage des Schwerpunktes in einem Körper hängt also durchaus nicht von der Schwerkraft, sondern nur von der Art ab, wie die Moleküle des Körpers gegen einander liegen.

Einige Geometer haben es passender gefunden, statt der Benennung Schwerpunkt die Benennung Mittelpunkt der Masse oder Mittelpunkt der Figur zu gebrauchen; wir behalten den ersten Ausdruck bei, weil er gebräuchlicher ist und die von diesem Punkte in der Statik zu machende Anwendung mehr bezeichnet.

138. Da man nun statt aller auf die Moleküle des Körpers wirkenden Kräfte der Schwere immer ihre allgemeine, genau dieselbe Wirkung erzeugende Resultante substituieren kann, so kann man den Schwerpunkt eines Körpers als den Punkt ansehen, in dem die ganze Masse des Körpers concentriert ist. Berücksichtigt man also in statischen Untersuchungen die Schwere, so lässt sich jeder Körper als auf seinen Schwerpunkt reduciert, und dieser als von einer Kraft getrieben betrachten, welche der Gewichtskraft parallel und gleich ist. Verbindet man darauf diese neuen Kräfte mit den unmittelbar an dem System angebrachten, so findet man die Bedingungen des Gleichgewichts nach den in den vorigen Kapiteln aufgestellten Principien ganz so, als wären die Körper gar nicht mit der Schwere behaftet.

Es kommt also hier nur darauf an, die Schwerpunkte verschiedener Körper oder Systeme von Körpern zu bestimmen.

139. Kann man den Körper oder das System als aus Teilen bestehend betrachten, von denen man besonders die Schwerpunkte und respektiven Gewichte schon kennt, so bestimmt sich daraus sehr leicht der Schwerpunkt des Körpers oder Systems.

Denn da der Schwerpunkt nur der Angriffspunkt der allgemeinen Resultante aus den auf alle Moleküle des Körpers wirkenden Schwerkräften ist, so kann man zur Bestimmung des Schwerpunktes erst die respektiven Punkte aufsuchen, in denen die partiellen Resultanten der auf jeden einzelnen Körper wirkenden Kräfte angreifen, und dann den Angriffspunkt der aus diesen verschiedenen Resultanten hervorgehenden allgemeinen Resultante bestimmen.

Kennt man also schon die respektiven Schwerpunkte der einzelnen Körper, so braucht man sich nur an diesen Punkten Parallelkräfte angebracht zu denken, die den respektiven Gewichten dieser Körper gleich sind, und man findet darauf den Schwerpunkt des Systems ganz auf dieselbe Weise wie den Mittelpunkt von Parallelkräften.

Zu dieser Untersuchung bedient man sich dann entweder der allmähligen Zusammensetzung der Kräfte wie in (29), oder der Theorie der Momente wie in (86).

Da die Entfernung des Mittelpunktes von Parallelkräften von einer Ebene gleich ist der Summe der Momente der Kräfte in Bezug auf diese Ebene dividiert durch die Summe aller Kräfte, so ergiebt sich der Satz: Die Entfernung des Schwerpunktes eines beliebigen Körpersystems von einer Ebene ist gleich der Summe der Momente ihrer Gewichte in Bezug auf diese Ebene, dividiert durch die Summe aller Gewichte; oder (weil die Massen den Gewichten proportional sind) gleich der Summe der Momente der Massen dividiert durch die Summe der Massen selbst, wo man unter Moment einer Masse das Produkt dieser Masse in die Entfernung ihres Schwerpunktes von der betrachteten Ebene versteht.

Berechnet man so die Entfernungen des Schwerpunktes von drei beliebigen Ebenen, die man der Einfachheit wegen rechtwinklig zu einander annehmen kann, so findet man die Lage des Schwerpunktes im Raume.

140. Sind alle Massen eines Systems untereinander gleich, so ist die Entfernung des Schwerpunktes des Systems von einer beliebigen Ebene gleich der mittleren Entfernung der Schwerpunkte aller dieser Körper von der Ebene.

141. Geht die Ebene, auf welche die Momente bezogen werden, durch den Schwerpunkt des Systems, so ist die Entfernung des Schwerpunktes von dieser Ebene Null. Man hat also den Satz: Die Summe der Momente der Massen in Bezug auf eine durch den Schwerpunkt des Systems gehende Ebene ist stets gleich Null.

Mit anderen Worten heisst dies: Die Summe der Momente der Massen auf der einen Seite dieser Ebene ist immer der Summe der Momente der Massen auf der anderen Seite der Ebene gleich.

Umgekehrt: Ist die Summe der Momente der Massen in Bezug auf eine Ebene gleich Null, so liegt der Schwerpunkt des Systems in dieser Ebene, weil die Entfernung des Schwerpunktes von der Ebene Null ist.

142. Daraus folgt, dass, wenn die Schwerpunkte der einzelnen Körper in derselben Ebene liegen, auch der Schwerpunkt des Systems in dieser Ebene liegt, und liegen die Schwerpunkte der Körper in einer geraden Linie, so liegt auch der Schwerpunkt des Systems in dieser geraden Linie.

Denn im ersten Falle, wo die Schwerpunkte der Körper in derselben Ebene liegen, sind die Momente ihrer Massen in Bezug auf diese Ebene alle gleich Null; die Entfernung des Schwerpunktes des Systems von dieser Ebene ist also auch Null, und der Schwerpunkt liegt also in derselben Ebene.

Legt man im zweiten Falle durch die Gerade, in welcher alle Schwerpunkte der Körper liegen, zwei beliebige Ebenen, so liegen die Schwerpunkte der einzelnen Körper zugleich in beiden Ebenen, der Schwerpunkt des Systems muss also auch in beiden Ebenen zugleich liegen, liegt also in ihrem Durchschnitt, welcher die gegebene Gerade ist.

Uebrigens scheinen die beiden eben angeführten Sätze an sich evident zu sein, wenn man den Schwerpunkt des Systems aus der allmähligen Zusammensetzung der in den respektiven Schwerpunkten der einzelnen Körper angebrachten Kräfte oder Gewichte finden will.

143. Liegen alle Schwerpunkte der einzelnen Körper in derselben Ebene, so liegt der Schwerpunkt des Systems in einer bekannten Ebene, und man braucht zur Bestimmung seiner Lage nur noch seine Entfernungen von zwei anderen Ebenen zu ermitteln. Nimmt man der Einfachheit wegen diese Ebenen beide senkrecht zur ersten an, so sind die Entfernungen der verschiedenen Schwerpunkte von diesen Ebenen die Entfernungen derselben von den Schnittlinien der beiden Ebenen mit der ersten Ebene.

Zieht man also in der Ebene der Schwerpunkte verschiedener Körper zwei beliebige gerade aber nicht parallele Linien oder Axen, so findet man die respektiven Abstände des Schwerpunktes des Systems von diesen beiden Axen, wenn man die respektiven Summen der Momente aller Massen in Bezug auf diese Geraden durch die Summe aller Massen dividiert.

(Dabei muss man für jede Gerade alle auf einer Seite derselben liegenden Momente der Massen als positiv, und die auf der anderen Seite liegenden als negativ betrachten).

Auf diese Weise findet man, in welcher Entfernung und auf welcher Seite rücksichtlich der beiden Axen der Schwerpunkt des Systems liegt, und zieht man nun in den gefundenen Abständen zu den Axen zwei parallele, gerade Linien, so liegt der Schwerpunkt in ihrem Durchschnittspunkte.

144. Liegen die Schwerpunkte aller Körper in derselben geraden Linie, so liegt der Schwerpunkt des Systems in einer bereits bekannten Geraden, und man braucht dann nur noch seinen Abstand von einer einzigen Ebene zu kennen.

Nimmt man diese der Einfachheit halber senkrecht auf die Linie der Schwerpunkte an, so werden die Entfernungen der respektiven Schwerpunkte von dieser Ebene dieselben sein, wie ihre Entfernungen von dem Punkte, wo die Ebene die Gerade schneidet.

Haben also mehrere Körper ihre respektiven Schwerpunkte in derselben geraden Linie, so ist die Entfernung des Schwerpunktes des Systems von einem beliebigen Punkte dieser Geraden gleich der Summe der Momente der Massen in Bezug auf diesen Punkt, dividiert durch die Summe aller Massen.

(Dabei sind alle in Bezug auf den Punkt auf einer Seite liegenden Momente der Massen als positiv, und alle auf der andern Seite liegenden als negativ zu betrachten).

Man weiss nun, in welcher Entfernung und auf welcher Seite hinsichtlich des gewählten Punktes der Schwerpunkt des Systems liegt, und trägt man von diesem Punkte aus nach dieser Seite hin eine Länge gleich der gefundenen Entfernung auf der Geraden ab, so ist ihr Endpunkt der Schwerpunkt des Systems selbst.

145. Man sieht hieraus, wie leicht sich der Schwerpunkt eines Körpers oder Systems bestimmen lässt, wenn man die Schwerpunkte der verschiedenen dasselbe bildenden Körper kennt. Es bleibt uns nun noch übrig zu zeigen, wie man die Schwerpunkte von Körpern findet, die sich nicht auf ähnliche Weise zerlegen lassen.

Da man nun einen Körper stets als eine Vereinigung von materiellen Punkten betrachten kann, die ihre eigenen Schwerpunkte sind, so lässt sich in der That die vorhergehende Methode auf jeden beliebigen Körper anwenden, und man findet allgemein die Entfernung seines Schwerpunktes von einer Ebene, wenn man die Summe der Momente aller Teilchen des Körpers in Bezug auf diese Ebene durch die Summe aller Teilchen, oder was dasselbe ist, durch die ganze Masse des Körpers dividiert. Die allgemeine Lösung dieser Aufgabe hängt jedoch von der Kenntniss der Integralrechnung ab; man findet davon fast in allen Lehrbüchern der Mechanik sehr einfache Anwendungen, die weiter keine Schwierigkeiten darbieten, als die, welche die Integralrechnung mit sich bringt.

Da es aber sehr elegante elementare Betrachtungsweisen giebt, vermöge deren man die Schwerpunkte für die meisten der Körper, welche in der Geometrie behandelt werden, findet, so wollen wir uns auf diese beschränken; wir erfüllen dadurch unsern vorliegenden Zweck und entfernen uns nicht von unseren Elementen.

146. Nach dem, was wir in (137) gesagt haben hängt die Lage des Schwerpunktes eines Körpers nur von der Art ab, wie die Moleküle des Körpers gegen einander verteilt sind. Sie hängt also von zwei Stücken ab:

1) von der Figur des Körpers oder des Raumes, den dieser einnimmt.

2) von der relativen Dichtigkeit seiner einzelnen Teile.

Bleiben Figur und Volumen eines Körpers unverändert, und entfernen sich in einem gewissen Teile des Körpers die Moleküle von einander derart, dass sie sich dann in einem anderen Teile destomehr nähern, so sind offenbar die auf sie wirkenden Kräfte nicht mehr auf dieselbe Weise verteilt, die Lage der gemeinschaftlichen Resultante, folglich auch des Schwerpunktes des Körpers ändert sich also. Bei der Bestimmung dieses Punktes hat man also nicht bloss die Figur des Körpers, sondern auch das Gesetz zu berücksichtigen, nach dem in seiner ganzen Ausdehnung die Dichtigkeit variiert.

Nimmt man um die Aufgabe einfacher zu lösen zuerst an, dass die Körper völlig homogen oder in allen ihren Punkten gleich dicht sein sollen, so hängt die Lage des Schwerpunktes nur noch von der Figur ab, und die Untersuchung der Schwerpunkte wird dann eine ganz einfache geometrische Aufgabe.

Unter dieser Voraussetzung völlig homogener Körper bestimmt man dann gewöhnlich die Schwerpunkte von Linien, Flächen und Körpern, die geometrisch streng beschrieben werden können, und die man als in allen ihren Punkten mit einer gleichförmigen Gewichtskraft begabt ansieht. Auf den ersten Blick scheint dieses Problem kein praktisches zu sein; es spielt jedoch in der Statik dieselbe Rolle, wie in der Geometrie die Quadratur der Flächen oder die Cubatur der Körper. So wie die Resultate der Geometrie in der Anwendung um so genauer sind, je mehr sich die betrachteten Figuren den geometrischen nähern, so liegen auch hier bei der Betrachtung der Schwerpunkte diese Schwerpunkte um so genauer an den ihnen von der Theorie angewiesenen Orten, je homogener die Substanz des Körpers, je gleichförmiger sie verteilt, und je vollkommener die Grenzen seiner Figur sind.

II.

Von den Schwerpunkten der Figuren.

Hilfssatz.

147. Ist in einer Figur ein Punkt der Art vorhanden, dass eine beliebige durch ihn gelegte Ebene die Figur in zwei völlig symmetrische Hälften teilt, so liegt der Schwerpunkt in diesem sogenannten Mittelpunkte der Figur.

Denn da eine beliebig durch den Mittelpunkt der Figur gelegte Ebene die Figur in zwei völlig symmetrische Hälften teilt, so ist kein Grund vorhanden, warum der Schwerpunkt, der nur ein einziger Punkt ist und der bloss von der Figur abhängt, mehr auf der einen Seite dieser Ebene als auf der andern liegen sollte; er wird also in der Ebene liegen. Er muss also zugleich in allen Ebenen liegen, die durch den Mittelpunkt der Figur gezogen werden können, wird also in diesem Punkte liegen, weil dieser der gemeinschaftliche Schnittpunkt aller dieser Ebenen ist.

148. Daraus folgt:

1) Der Schwerpunkt einer geraden Linie liegt in ihrem Mittelpunkte.
2) Der Schwerpunkt der Fläche eines beliebigen Parallelogramms ist der Schnittpunkt seiner beiden Diagonalen oder der Mittelpunkt einer dieser Diagonalen.
3) Der Schwerpunkt eines festen Parallelepipedons ist der Schnittpunkt seiner vier Diagonalen oder der Mittelpunkt einer dieser Diagonalen.

Man könnte auch daraus schliessen, dass der Schwerpunkt des Umfanges oder der Fläche eines Kreises der Mittelpunkt des Kreises ist; dass der Schwerpunkt der Oberfläche oder des Körpers einer Kugel im Mittelpunkte der Kugel liegt; dass der Schwerpunkt der Oberfläche oder des Körpers eines Cylinders mit parallelen Grundflächen der Mittelpunkt seiner Axe ist etc.

Vor allem aber merke man sich die drei vorhin aufgestellten Folgerungen über die Schwerpunkte der geraden Linie, des Parallelogramms und des Parallelopipedons, weil diese Figuren als die Elemente aller übrigen angesehen werden können.

Aufgabe I.

149. Es soll der Schwerpunkt des Umfanges eines beliebigen Polygons und im Allgemeinen der Vereinigung von beliebig im Raume verbundenen geraden Linien gefunden werden.

Man betrachte jede gerade Linie als in ihrem Schwerpunkte, d. h. in ihrem Mittelpunkte concentriert, und man hat nur noch eine Vereinigung von Punkten zu betrachten, die ihren respektiven Gewichten nach durch die geraden Linien repräsentiert werden, deren Mittelpunkt sie sind.

Man findet also den Schwerpunkt dieses Systems durch die allmählige Zusammensetzung dieser Gewichte, oder auch durch die Theorie der Momente wie oben gelehrt worden ist.

150. Oft lassen sich die Schwerpunkte durch besondere Betrachtungen leichter bestimmen, als durch diese allgemeine Methode.

Soll man z. B. den Schwerpunkt eines Dreiecksumfanges finden, so verbinde man die Mittelpunkte der drei Seiten durch drei gerade Linien, wodurch man ein Dreieck erhält, das dem gegebenen ähnlich ist; halbiert man darauf die Winkel dieses Dreiecks durch gerade Liuien, so schneiden sich diese im gesuchten Schwerpunkte.

Mit anderen Worten, der Schwerpunkt eines Dreiecksumfanges ist nichts anderes, als der Mittelpunkt des Kreises, der in das von den drei Geraden, welche die Mittelpunkte der Seiten des gegebenen Dreiecks verbinden, gebildete Dreieck eingeschrieben ist.

Aufgabe II.

151. Es soll der Schwerpunkt der Fläche irgend eines Polygons, und im Allgemeinen der Fläche eines Systems von ebenen, geradlinigen, auf irgend eine Weise im Raume verbundenen Figuren gefunden werden.

Da alle Polygone in Dreiecke zerlegt werden können, so wollen wir zuerst untersuchen, wie man den Schwerpunkt eines beliebigen Dreiecks bestimmt. Hat man diese Bestimmung gemacht, so nimmt man alle Schwerpunkte der das vorliegende System bildenden Dreiecke und hat so nur ein System von gegebenen Punkten zu betrachten, deren respektive Gewichte von der Fläche der Dreiecke dargestellt werden, deren Schwerpunkte sie sind. Die Aufgabe kann dann wie die vorhergehende gelöst werden.

Vom Schwerpunkt eines Dreiecks.

152. Es sei ABC (Fig. 38) das gegebene Dreieck. Wir betrachten seine Fläche als aus unendlich vielen zur Basis BC parallelen Streifen zusammengesetzt. Eine Gerade AD aus der Spitze A des Dreiecks nach der Mitte D der Basis wird alle diese Streifen halbieren; ihre respektiven Schwerpunkte liegen folglich in der Geraden AD, und demnach wird auch der Schwerpunkt ihres Systems, also der Schwerpunkt des Dreiecks ebenfalls in dieser geraden Linie liegen.

Auf dieselbe Weise zeigt man, dass der Schwerpunkt des Dreiecks auch in der Geraden BE, welche den Scheitel des Winkels B mit der Mitte E der gegenüberliegenden Seite AC verbindet, liegen muss.

Der Schwerpunkt liegt also in den beiden Geraden AD und BE zugleich, also in ihrem Durchschnittspunkte G.

Verbindet man die Punkte D und E durch eine Gerade DE, so ist DE, weil D und E die respektiven Mittelpunkte von CB und CA sind, parallel zu AB und gleich $\frac{1}{2} AB$. Ist aber $DE = \frac{1}{2} AB$, so ist auch DG, wegen der Aehnlichkeit der Dreiecke DGE und AGB, gleich der Hälfte der homologen Seite AG. Man hat also $DG = \frac{1}{2} AD$ und $AG = \frac{2}{3} AD$.

Der Schwerpunkt der Fläche eines beliebigen Dreiecks liegt also in der Geraden, die aus einer der drei Winkelspitzen nach der Mitte der gegenüberliegenden Seite gezogen ist, und zwar in $^1/_3$ der Länge dieser Geraden von der Basis und $^2/_3$ derselben von dem Scheitelpunkte des Winkels ab.

Der vorstehende Beweis ist so natürlich und so einfach, dass wir ihn hier nicht übergehen zu dürfen glaubten; die möglichste Schärfe kann man ihm durch die bekannte, in den Elementen der Geometrie so häufig angewendete Methode geben; wir überlassen dies aber dem Leser. Dafür aber wollen wir noch einen neuen Beweis geben, der an Genauigkeit nichts zu wünschen übrig lässt.

153. Aus dem Mittelpunkte D der Basis BC des Dreiecks ABC (Fig. 39) ziehe man respektive parallel zu den beiden anderen Seiten die Geraden DE und DF, welche diese Seiten in E und F schneiden; dadurch zerfällt das gegebene Dreieck in ein Parallelogramm $AEDF$ und zwei Dreiecke DEC und DFB, die unter sich gleich und auch dem ersten Dreiecke gleich sind.

Das Moment des Dreiecks ABC in Bezug auf irgend eine in seiner Ebene gezogene gerade Linie ist also gleich der Summe der Momente des Parallelogramms und der beiden Dreiecke.

Es sei a die Fläche eines der letzteren Dreiecke, so wird $4a$ die die Fläche des Dreiecks ABC sein. Nennt man also x die Entfernung des Schwerpunktes dieses Dreiecks von der Basis BC, so ist $4ax$ sein Moment in Bezug auf die Basis.

Ist h die Höhe des Dreiecks, so ist $\frac{h}{2}$ die Entfernung des Schwerpunktes des Parallelogramms von der Basis. Da nun seine Fläche $= 2a$ ist, so ist sein Moment $2a\frac{h}{2} = ah$.

Endlich haben die beiden Dreiecke BCD und DEC ihren Schwerpunkt offenbar in gleichen Entfernungen von der Basis BC; bezeichnet man also diese Entfernung mit x', so ist die Summe ihrer Momente $= 2ax'$.

Man hat also die Gleichung $4ax = ah + 2ax'$ oder, wenn man mit $4a$ dividiert

$$x = \frac{1}{4} h + \frac{x'}{2}.$$

Wollte man mit Archimedes voraussetzen, dass in ähnlichen Dreiecken auch die Schwerpunkte auf ähnliche Weise liegen, so hätte man, weil die Dimensionen des Dreiecks BFD oder DEC die Hälften von den Dimensionen des Dreiecks ABC sind, $x' = \frac{x}{2}$, und substituierte man diesen Wert in die Gleichung, so hätte man sofort

$$x = \frac{h}{3}.$$

Daraus würde nun folgen, dass der Schwerpunkt eines Dreiecks über jeder Seite in einem Abstande gleich dem dritten Teile der Höhe der gegenüberstehenden Winkelspitze über dieser Seite liegt, wodurch man also wieder in den vorher bestimmten Punkt gelangt.

Man kann jedoch zu diesem Schluss ohne eine weitere Voraussetzung kommen. Wir haben für das Dreieck ABC

$$x = \frac{h}{4} + \frac{x'}{2}$$

gefunden, wo x die Entfernung seines Schwerpunktes von der Basis BC, und x' die Entfernung des Schwerpunktes des Dreiecks BFD von der Basis BD ist. Wiederholt man nun im Dreiecke BFD die im Dreieck ABC vorgenommene Construction, und nennt man x'' die dem x' analoge Entfernung, so ist, weil die Höhe des neuen Dreiecks zweimal kleiner ist als die des gegebenen Dreiecks

$$x' = \frac{1}{4} \frac{h}{2} + \frac{x''}{2}.$$

Durch Wiederholung derselben Construction findet man ebenso

$$x'' = \frac{1}{4} \frac{h}{4} + \frac{x'''}{2}$$

$$x''' = \frac{1}{4} \frac{h}{8} + \frac{x^{\text{IV}}}{2}$$

. . . .

wo x''', x^{IV}... die Abstände der Schwerpunkte der successiven Dreiecke von der Basis bezeichnen. Diese Abstände werden immer kleiner, und der letzte von ihnen kann kleiner als jede gegebene Grösse werden, weil er stets kleiner ist als die Höhe des zu ihm gehörigen Dreiecks.

Substituiert man nun allmählich in die erste Gleichung für x', x'', x'''... ihre Werte, so findet man

$$x = \frac{h}{4} + \frac{h}{4 \,.\, 4} + \frac{h}{4 \,.\, 4 \,.\, 4} + \cdots \text{ bis ins Unendliche,}$$

woraus

$$x = \frac{h}{3}$$

folgt. *Q. e. d.*

Bemerkung.

154. Liegen die Schwerpunkte von drei gleichen Massen in den drei respektiven Winkelspitzen eines Dreiecks ABC (Fig. 38), so fällt der Schwerpunkt dieser drei Körper in den Schwerpunkt des Dreiecks.

Denn um den Schwerpunkt der drei Körper zu finden, hat man zuerst den Schwerpunkt zweier von ihnen, z. B. von B und C, zu nehmen, welcher im Mittelpunkte D von BC liegt, darauf D und A durch eine Gerade DA zu verbinden, und diese Gerade im Punkte G im umgekehrten Verhältnisse von $2:1$ zu teilen.

Auf dieselbe Weise wird aber auch der Schwerpunkt des Dreiecks ABC gefunden.

Hieraus und aus (140) folgt, dass der Abstand des Schwerpunktes eines Dreiecks von einer beliebigen Ebene im Raume gleich der mittleren Entfernung der drei Winkelspitzen des Dreiecks von derselben Ebene ist.

Schwerpunkt des Trapezes.

155. Verlängert man die beiden Seiten eines Trapezes, bis sie sich schneiden, so erhält man an demselben Scheitelpunkt zwei ähnliche Dreiecke, deren Basen die Basen des Trapezes sind. Da nun eine aus dem gemeinschaftlichen Scheitelpunkte nach der Mitte der unteren Basis gezogene gerade Linie auch die obere Basis halbiert, so geht sie durch die Schwerpunkte beider Dreiecke, und folglich auch durch den Schwerpunkt des Trapezes, welches die Differenz beider Dreiecke ist. Der Schwerpunkt des Trapezes liegt also in der Verbindungslinie der Mittelpunkte beider parallelen Basen; man braucht also nur noch seinen Abstand von einer der Basen, oder das Verhältnis der Abstände von beiden Basen zu bestimmen. Es sei nun x der unbekannte Abstand des Schwerpunktes von der unteren

Basis, und H und h seien die Höhen der beiden ähnlichen Dreiecke. Bezeichnet H^2 die Fläche oder das Gewicht des grösseren Dreiecks, so ist h^2 die Fläche des kleineren Dreiecks und $(H^2 - h^2)$ die Fläche des Trapezes. Das Moment des ersten Gewichtes in Bezug auf die untere Basis ist also $H^2 \cdot \frac{H}{3}$, des zweiten $h^2\left(\frac{h}{3} + H - h\right)$ und des dritten $(H^2 - h^2) \,.\, x$. Setzt man also das erstere dieser Momente der Summe der beiden anderen gleich, so erhält man zur Bestimmung von x die Gleichung

$$3\,(H^2 - h^2)\,x = H^3 - 3h^2 H + 2h^3.$$

Sucht man ebenso den Abstand y des Schwerpunktes von der oberen Basis oder bemerkt man, dass dieser Abstand y gleich $(H - h)$ ist, wenn man x davon nimmt, so hat man

$$3\,(H^2 - h^2)\,y = h^3 - 3H^2 h + 2H^3.$$

Vergleicht man beide Gleichungen Glied für Glied und lässt auf der einen Seite den gemeinschaftlichen Faktor $3\,(H^2 - h^2)$ auf der andern $(H - h)^2$ fort, so erhält man

$$x : y = (H + 2h) : (h + 2H)$$

oder, wenn man statt der Höhen H und h der Dreiecke die ihnen proportionalen Basen B und b setzt

$$x : y = (B + 2b) : (b + 2B)$$

woraus dann der Satz folgt:

Der Schwerpunkt eines Trapezes liegt in der Geraden, welche durch die Mittelpunkte der beiden Grundlinien geht, und teilt diese Gerade in zwei Stücke, die sich verhalten wie die Summe der einen Grundlinie plus der doppelten zweiten, zu der Summe der zweiten Grundlinie plus der doppelten ersten.

Daraus lässt sich folgende sehr einfache Construction ziehen:

Man verlängere die eine Grundlinie nach rechts um die Länge der zweiten, und diese links um die Länge der ersten, verbinde die Endpunkte der so verlängerten Linien durch eine Gerade, so schneidet diese die Gerade durch die Mittelpunkte der Grundlinien in dem Schwerpunkte des Trapezes.

Zu bemerken ist hierbei, dass das vorige Verhältnis nicht von der Höhe des Trapezes, sondern nur von dem Verhältnis der Grundlinien abhängt, so das jenes Verhältnis für alle möglichen Trapeze mit proportionalen Grundlinien dasselbe bleibt.

Sind die Basen gleich, so ist $x = y$, wie es sein muss, weil dann das Trapez ein Parallelogramm wird, und weil in diesem der Schwerpunkt von beiden Grundlinien gleichweit absteht.

Ist eine der Grundlinien b Null, so ist $y = 2x$. Aus dem Trapez wird dann ein Dreieck, dessen Basis B ist, und in welchem der Schwerpunkt zweimal weiter von der Basis als vom Scheitelpunkte entfernt ist.

Aufgabe III.

156. Es soll der Schwerpunkt der Masse eines beliebigen Polyeders, und im Allgemeinen eines Systems von beliebig im Raume liegenden Polyedern gefunden werden.

Da sich jedes Polyeder in dreiseitige Pyramiden zerlegen lässt, so wollen wir zuerst zeigen, wie man den Schwerpunkt einer dreiseitigen Pyramide bestimmt. Nimmt man darauf die Schwerpunkte aller der Pyramiden zusammen, in die das System zerlegt ist, so hat man wieder nur den Schwerpunkt eines Systems von Punkten zu suchen, die ihrem Gewichte nach durch die respektiven Pyramiden, deren Schwerpunkte sie sind, dargestellt werden, und das Problem lässt sich dann auf dieselbe Weise, wie vorher gezeigt ist, lösen.

Vom Schwerpunkte der Pyramide.

157. Es sei $ABCD$ (Fig. 40) eine beliebige dreiseitige Pyramide. Betrachtet man sie als aus einer unendlichen Menge von Parallelstreifen zu der Basis BCD bestehend und zieht dann aus der Ecke A nach einem beliebigen Punkte der Grundfläche eine gerade Linie, so schneidet diese die Streifen und die Basis selbst in ähnlich liegenden Punkten. Geht daher diese Gerade durch den Schwerpunkt J der Grundfläche, so geht sie auch durch alle Schwerpunkte der Parallelstreifen. Der Schwerpunkt des Systems von Parallelstreifen, und mithin auch der Schwerpunkt der Pyramide, muss daher in der Geraden AJ liegen.

Aus denselben Gründen muss auch der Schwerpunkt der Pyramide in der Geraden CH liegen, welche aus der Ecke C nach dem Schwerpunkte H der gegenüberliegenden Seitenfläche gezogen ist. Er wird also im Schnittpunkte G der beiden geraden Linien liegen.

Auf diese Weise müssen sich also die beiden Geraden AJ und CH notwendig schneiden, und man kann dieses unabhängig von der Betrachtung des Schwerpunktes auf folgende Art beweisen. Zieht man CJ, so schneidet diese die Seite BD in ihrem Mittelpunkte E, weil J der Schwerpunkt des Dreiecks BCD ist. Aus demselben Grunde muss auch AH die Seite BD in E halbieren, die beiden Geraden AJ und CH liegen also in derselben Ebene, nämlich in der Ebene des Dreiecks AEC und schneiden sich demnach notwendig.

Beachtet man nun, dass $EJ = \frac{1}{3} EC$ und $EH = \frac{1}{3} EA$ ist (152), so ist offenbar eine Gerade JH zwischen J und H der Kante AC parallel und gleich $\frac{1}{3}$ AC. Ist aber $JH = \frac{1}{3} AC$ so ist auch wegen der Aehnlichkeit der Dreiecke JGH und AGC die Seite JG gleich dem dritten Teile ihrer homologen Seite GA; d. h.

$$JG = \frac{1}{4} JA; \quad AG = \frac{3}{4} JA.$$

Der Schwerpunkt einer dreiseitigen Pyramide liegt also in der geraden Linie, die aus einer der vier Ecken nach dem Schwerpunkte der gegenüberliegenden Basis gezogen ist, und zwar in $^1/_4$ der Länge dieser Linie von der Basis und $^3/_4$ derselben von dem Scheitelpunkte der Ecke entfernt.

Bemerkung.

158. Auf die dreiseitige Pyramide lässt sich ein ganz analoger Beweis anwenden, wie der ist, den wir vorher für das Dreieck angegeben haben.

Zu diesem Zwecke betrachten wir zuvor das dreiseitige Prisma $ABCabc$ (Fig. 41). Durch den Mittelpunkt E der Seite AB seiner Basis ABC ziehe man zwei Ebenen EFf und EDd respektive parallel zu den Seitenflächen $BCcb$ und $ACca$, und zerlege so das Prisma in zwei andere Prismen und ein Parallelopipedon.

Ist nun a die Masse eines der beiden gleichen Prismen, so ist $4a$ die Masse des gegebenen Prismas und $2a$ die Masse des Parallelopipedons.

Nennt man x den Abstand des Schwerpunktes des grossen Prismas von der Seitenfläche $BAab$, so ist $4ax$ sein Moment in Bezug auf diese Ebene. Ebenso sei für die beiden kleinen Prismen x' der Abstand ihrer Schwerpunkte von derselben Ebene, welcher Abstand für beide derselbe sein muss, dann ist $2ax'$ die Summe ihrer Momente. Ist endlich h die Höhe der Kante Cc über der Parallelebene $BAab$, so ist das Moment des Parallelopipedons offenbar $2a\frac{h}{2}$ oder ah. Man hat also

$$4ax = ah + 2ax',$$

woraus folgt

$$x = \frac{h}{4} + \frac{x'}{2}.$$

Verfährt man nun Schritt vor Schritt wie in (153), so findet man gleichfalls

$$x = \frac{h}{3}.$$

Der Schwerpunkt eines dreiseitigen Prismas liegt also in Bezug auf jede Seitenfläche in dem dritten Teil der Höhe der zu dieser Seitenfläche parallelen Kante. Daraus folgt dann sofort, dass er in der Geraden Gg liegt, welche die Schwerpunkte der beiden Grundflächen mit einander verbindet. Ferner liegt er offenbar im Mittelpunkte J dieser Geraden Gg, die ich für einen Moment Axe des Prismas nennen will; denn teilt man das Prisma durch Parallelebenen zur Grundfläche in eine beliebige Anzahl gleicher Prismen, und ist δ die Entfernung des Schwerpunktes eines dieser kleinen Prismen von dem Mittelpunkt seiner Axe, so wird der Schwerpunkt O ihres Systems, also auch der des ganzen Prismas, in derselben Entfernung δ vom Mittelpunkte J seiner Axe Gg liegen. So gering aber auch die Länge eines Prismas sein mag, so muss doch sein Schwerpunkt immer im Innern des Prismas selbst liegen. Da man nun die Länge jedes partiellen Prismas kleiner annehmen kann, als jede gegebene Grösse, so wird auch die Entfernung $OJ = \delta$ kleiner sein als jede beliebige Grösse, sie wird also gleich Null sein.

159. Wir kehren nun zur dreiseitigen Pyramide $ABCD$ (Fig. 42) zurück. Man lege durch den Mittelpunkt L von AC eine Schnittfläche LMK parallel zur Grundfläche BCD, und eine Schnittfläche LEF parallel zur Seitenfläche ABD. Man ziehe KH parallel zu LE und verbinde E mit H durch die Gerade EH.

Dadurch ist die Pyramide in zwei gleiche Prismen, eines mit der Basis EDH, das andere mit der Basis LEF, und in zwei dreiseitige Pyramiden $ALMK$ und $LCEF$ zerlegt, die einander gleich und der gegebenen Pyramide ähnlich sind.

Wir setzen nun das Moment der ganzen Pyramide in Bezug auf die Grundfläche BCD der Summe der Momente der zwei Prismen und der zwei Partialpyramiden in Bezug auf dieselbe Ebene gleich.

Ist dann a die Masse einer der Partialpyramiden, so ist $8\,a$ die Masse der grossen Pyramide, und nennt man nun x die Entfernung ihres Schwerpunktes von der Basis, so ist $8\,ax$ ihr Moment.

Ist h die Höhe der ganzen Pyramide, so hat das Prisma mit der Basis EDH seinen Schwerpunkt in der Höhe $\frac{1}{2} \cdot \frac{h}{2}$ über der Basis, und da seine Masse $3\,a$ ist, so wird sein Moment $3\,a \,.\, \frac{h}{4}$. Das zweite Prisma mit der Basis LEF hat seinen Schwerpunkt in der Höhe $\frac{1}{3} \cdot \frac{h}{2}$ über der Basis BCD (157); seine Masse ist $3\,a$, folglich sein Moment $3\,a \cdot \frac{h}{6}$.

Ist endlich x' die Höhe des Schwerpunktes der Pyramide $LCEF$ über der Basis BCD, so ist die Höhe des Schwerpunktes der Pyramide $ALMK$

offenbar $\left(x'+\frac{h}{2}\right)$; die Summe der Momente dieser beiden Pyramiden wird also

$$ax'+a\left(x'+\frac{h}{2}\right) \text{ oder } \frac{ah}{2}+2ax'$$

sein. Man hat also nun

$$8ax=\frac{3ah}{4}+\frac{3ah}{6}+\frac{ah}{2}+2ax'$$

reduciert man nun und dividiert durch $8a$, so ist:

$$x=\frac{7}{32}h+\frac{x'}{4}.$$

Nimmt man nun an, dass ähnliche Pyramiden ihre Schwerpunkte in ähnlich liegenden Punkten haben, so wird, weil die Dimensionen der Pyramide $LCEF$ zweimal kleiner sind als die der gegebenen Pyramide $ABCD$

$$x'=\frac{x}{2}$$

und substituiert man diesen Wert in die vorige Gleichung, so ist

$$x=\frac{1}{4}h.$$

Daraus ist klar, dass in jeder dreiseitigen Pyramide der Schwerpunkt über jeder Seitenfläche in $\frac{1}{4}$ der Höhe der gegenüberliegenden Ecke über dieser Seitenfläche liegt; woraus dann leicht folgt, dass er in dem oben bestimmten Punkte liegen muss.

Man kann aber diese letztere Folgerung auch wieder ohne irgend eine Voraussetzung beweisen. Denn denkt man sich in der kleinen Pyramide $LCEF$ dieselbe Construction wie in der grossen Pyramide $ABCD$ ausgeführt, und ist x'' die mit x' analoge Entfernung, so wird, weil die Höhe der neuen Pyramide nur die Hälfte von der Höhe h der alten Pyramide beträgt

$$x'=\frac{7}{32}\frac{h}{2}+\frac{x''}{4}.$$

Wiederholt man dieselbe Construction in den übrigen Pyramiden, so findet man ebenso:

$$x'' = \frac{7}{32} \cdot \frac{h}{2^2} + \frac{x'''}{4}$$

$$x''' = \frac{7}{32} \cdot \frac{h}{2^3} + \frac{x^{\mathrm{IV}}}{4}$$

. . . .

wo x''', x^{IV}, . . . die allmähligen Abstände der Schwerpunkte der Pyramiden von der Grundfläche sind. Diese Abstände werden aber immer kleiner, und endlich kleiner als jede gegebene Grösse, weil sie immer kleiner sind als die Höhen der Pyramiden, zu denen sie gehören. Substituiert man also in die erste Gleichung für x', x'', x''', x^{IV} . . . successive ihre Werte, so ist

$$x = \frac{7}{32} h \left(1 + \frac{1}{2\,.\,4} + \frac{1}{2^2\,.\,4^2} + \frac{1}{2^3\,.\,4^3} + \cdots\right)$$

woraus folgt

$$x = \frac{1}{4} h.$$

Bemerkung.

Denkt man sich in den vier Ecken einer dreiseitigen Pyramiden vier gleiche Massen angebracht, so fällt der Schwerpunkt dieser vier Körper mit dem Schwerpunkte der Pyramide zusammen.

Denn um den Schwerpunkt der vier Körper zu finden, hat man zuerst den von dreien unter ihnen zu nehmen, welcher in den Schwerpunkt der Seitenfläche fällt, in deren Winkelspitzen die drei Körper liegen (154). Verbindet man darauf den Schwerpunkt des vierten Körpers mit diesem Punkte, so muss man die Verbindungslinie von der Seitenfläche aus im umgekehrten Verhältnis von 3 : 1 teilen; dadurch gelangt man dann aber zugleich in den Schwerpunkt der Pyramide.

Hieraus folgt: Der Abstand des Schwerpunktes einer dreiseitigen Pyramide von einer beliebigen Ebene im Raume ist gleich dem mittleren Abstande ihrer vier Ecken von dieser Ebene.

Dieselbe Eigenschaft hat auch das dreiseitige Prisma.

Allgemeine Bemerkung.

160. Um den Schwerpunkt eines Polyeders zu bestimmen, braucht man es nicht immer notwendig in dreiseitige Pyramiden zu zerlegen, sondern gelangt dazu oft auf einfachere Weise.

So z. B. ist der Schwerpunkt eines beliebigen Prismas mit parallelen Grundflächen der Schwerpunkt einer in gleichen Entfernungen von beiden

Grundflächen gezogenen parallelen Schnittfläche, oder der Mittelpunkt der die beiden Schwerpunkte der Grundflächen verbindenden geraden Linie.

Der Beweis dieses Satzes lässt sich leicht direkt führen, oder aus dem, was wir über das dreiseitige Prisma gesagt haben, ableiten, dass es unnütz wäre, wenn wir uns dabei länger aufhalten wollten.

161. Betrachtet man einen beliebigen Cylinder mit parallelen Grundflächen als ein Prisma, dessen Grundfläche ein Polygon von unendlich vielen und unendlich kleinen Seiten ist, so hat man den Satz: Der Schwerpunkt des Cylinders ist der Mittelpunkt der die Schwerpunkte der beiden Grundflächen verbindenden geraden Linie.

162. Aus dem Vorhergehenden ist klar, dass der Schwerpunkt einer dreiseitigen Pyramide in den Schwerpunkt der Schnittfläche fällt, die parallel zur Basis in $^1/_4$ der Höhe des Schwerpunktes von der Grundfläche gelegt ist.

Diese Eigenschaft lässt sich auch auf eine beliebige Pyramide ausdehnen. Denn teilt man die Grundfläche durch Diagonalen in Dreiecke und legt dann durch diese Diagonalen und den Scheitelpunkt der Pyramide Ebenen, so zerfällt die gegebene Pyramide in eben so viele dreiseitige Pyramiden als die Grundfläche in Dreiecke. Alle diese Pyramiden haben dieselbe Höhe wie die gegebene Pyramide; ihre Massen sind also ihren Grundflächen oder auch beliebigen, in gleicher Höhe gezogenen parallelen Schnittflächen proportional. Legt man folglich durch alle diese Pyramiden eine Ebene parallel zu ihren Grundflächen in $^1/_4$ der Höhe des gemeinschaftlichen Scheitelpunktes von der Grundfläche, so fallen ihre Schwerpunkte mit den Schwerpunkten der correspondierenden dreieckigen Schnittflächen zusammen, und weil nun ihre Massen (oder Gewichte) diesen Schnittflächen proportional sind, so ist auch der Schwerpunkt des Systems dieser Pyramiden der Schwerpunkt aller Dreiecke oder des aus ihrer Vereinigung hervorgehenden Polygons.

Zieht man aber eine gerade Linie vom Scheitelpunkte durch den Schwerpunkt des Polygons, so geht diese durch den Schwerpunkt der Grundfläche und wird von der Ebene des Polygons so geteilt, dass 3 Teile nach dem Scheitel und 1 Teil nach der Grundfläche zu fallen.

163. Der Schwerpunkt einer Pyramide mit beliebiger Grundfläche liegt also in der aus dem Scheitel nach dem Schwerpunkte der Grundfläche gezogenen geraden Linie, und zwar in $^1/_4$ der Länge dieser Geraden von der Grundfläche und in $^3/_4$ derselben vom Scheitel ab.

164. Betrachtet man den Kegel als Pyramide, deren Basis ein Polygon von unendlich vielen und unendlich kleinen Seiten ist, so hat man den Satz: Der Schwerpunkt eines Kegels mit beliebiger Grundfläche liegt in der Geraden, die seinen Scheitel mit dem Schwerpunkte der Grundfläche verbindet, in $^1/_4$ der Länge dieser Geraden von der Grundfläche und $^3/_4$ derselben vom Scheitel ab.

Vom Schwerpunkt der abgekürzten Pyramide.

165. Es ist klar, dass der Schwerpunkt einer abgekürzten Pyramide auf der Verbindungslinie zwischen den Schwerpunkten ihrer beiden Grundflächen liegt. Denn denkt man sich die Pyramide ergänzt, so ist die abgeschnittene Pyramide der ganzen Pyramide ähnlich. Da die Linie, welche man vom Scheitel der ganzen Pyramide nach dem Schwerpunkte der einen Grundfläche der abgekürzten Pyramide ziehen kann, auch durch den Schwerpunkt der anderen Grundfläche geht, so geht sie mithin durch die Schwerpunkte beider Pyramiden, und also auch durch den Schwerpunkt der abgekürzten Pyramide, die gleich der Differenz jener beiden ist. Man braucht also nur noch den Abstand des Schwerpunktes von einer oder der anderen der Grundflächen, oder wenn man will, das Verhältnis beider Abstände zu bestimmen.

Es sei x die Entfernung von der unteren Grundfläche, und H und h seien die Höhen der beiden ähnlichen Pyramiden. Ist H^3 das Volumen oder Gewicht der ganzen Pyramide, so ist h^3 das Gewicht der kleinen und $(H^3 - h^3)$ das der abgekürzten; die drei Momente dieser Gewichte in Bezug auf die untere Basis werden also $H^3 . \frac{H}{4}$, $h^2 \left(\frac{h}{4} + H - h\right)$ und $(H^3 - h^3) . x$. Setzt man das erste dieser Momente der Summe der beiden anderen gleich, so hat man zur Bestimmung von x die Gleichung

$$4 (H^3 - h^3) x = H^4 - 4h^3 H + 3h^4$$

deren erstes Glied durch $(H - h)$ und deren zweites Glied durch $(H - h)^2$ teilbar ist.

Auf dieselbe Weise findet man für die Entfernung y des Schwerpunktes von der oberen Grundfläche, oder wenn man einfach beachtet, dass y aus $(H - h)$ besteht, wenn man x davon abzieht:

$$4 (H^3 - h^3) y = h^4 - 4 H^3 h + 3H^4$$

deren erstes Glied durch $(H - h)$ und deren zweites Glied durch $(H - h)^2$ teilbar ist.

Vergleicht man die beiden Gleichungen und lässt die gemeinschaftlichen Faktoren fort, so erhält man für das gesuchte Verhältnis

$$x : y = (H^2 + 2Hh + 3h^2) : (h^2 + 2hH + 3H^2)$$

oder besser, da sich in ähnlichen Pyramiden oder Kegeln die Quadrate der Höhen, wie die Grundflächen der Pyramiden verhalten, und sind diese nun B und b, so kann man für H^2, B, für h^2, b und für Hh, $\sqrt{Bb}$, also eine Basis, welche das geometrische Mittel aus beiden ist, setzen; man hat also

$$x : y = (B + 2\sqrt{Bb} + 3b) : (b + 2\sqrt{Bb} + 3B).$$

Daraus ergiebt sich also der folgende Satz:

Der Schwerpunkt einer abgekürzten Pyramide oder eines abgekürzten Kegels liegt in der Geraden, welche durch die Schwerpunkte ihrer beiden Grundflächen geht, und schneidet diese Gerade in zwei Stücke, die sich verhalten wie die erste Basis plus dem doppelten geometrischen Mittel aus beiden Basen plus der dreifachen zweiten Basis, zu der zweiten Basis plus dem doppelten geometrischen Mittel aus beiden plus der dreifachen ersten Basis.

Uebrigens ist klar, dass man hier die Grundflächen nicht zu messen, (denn die Quadratur derselben würde weitläufig und für den Fall einer krummen Linie schwierig sein), sondern dass man nur drei ihnen proportionale Grössen zu nehmen braucht, also in den beiden ähnlichen Grundflächen des gegebenen Stumpfes zwei homologe Seiten A und a, ihre Quadrate A^2 und a^2, und das Rechteck Aa zu bestimmen hat.

In der obigen Proportion hängt das Verhältnis von x zu y nicht von der Höhe des Stumpfes, sondern nur vom Verhältnis der Grundflächen ab; es bleibt also für alle möglichen abgekürzten Pyramiden und Kegel mit proportionalen Grundflächen dasselbe.

Sind die beiden Grundflächen gleich, so ist nach der Proportion $x = y$ und man hat dann ein Prisma oder einen Cylinder, dessen Schwerpunkt gleichweit von den beiden Grundflächen absteht.

Ist eine der Grundflächen b Null, so hat man $3x = y$ als Abstand des Schwerpunktes von der Grundfläche B; der Stumpf wird dann eine abgekürzte Pyramide oder ein abgekürzter Kegel, worin der Schwerpunkt dreimal weiter von der Grundfläche als vom Scheitel absteht.

Wir könnten diese Beispiele noch vermehren; allein das Gesagte reicht völlig für unseren Zweck hin. Wir schliessen deshalb dieses Kapitel mit einigen bemerkenswerten Eigenschaften der Schwerpunkte.

Allgemeine Eigenschaften des Schwerpunktes.

I.

166. Sind mehrere beliebig im Raume gerichtete Kräfte P, Q, R, S.... (Fig. 43) im Gleichgewicht um denselben Punkt A, so müssen bekanntlich diese Kräfte in Bezug auf irgend eine durch diesen Punkt gehende Gerade AX gleichfalls im Gleichgewicht sein.

Werden also diese Kräfte durch die Teile AP, AQ, AR, AS,.... ihrer Richtungen dargestellt, so muss die Summe ihrer Projectionen Ap, Aq, Ar, As,.... auf die Axe AX Null sein, wobei man die auf die eine Seite von A fallenden Projectionen als positiv, und die auf die andere Seite fallenden als negativ ansieht. Legt man nun durch den Punkt A eine Ebene MN senkrecht zu AX, so drücken die Projectionen Ap, Aq, Ar, As.... die Abstände der Endpunkte der Kräfte von der Ebene AN aus. Weil also ihre Summe gleich Null ist, so ist auch die mittlere Entfernung dieser Punkte von der Ebene MN Null.

Sind also beliebig viele Kräfte um einen Punkt im Gleichgewicht, so ist dieser der Schwerpunkt der Körper oder Massen mit gleichen Gewichten, die an den Endpunkten der die Kräfte ihrer Grösse und Richtung nach darstellenden geraden Linien angebracht sind.

Umgekehrt: Betrachtet man eine beliebige Vereinigung gleicher Massen und zieht von ihren verschiedenen Schwerpunkten nach dem Schwerpunkte des Systems gerade Linien, so sind offenbar die der Grösse und Richtung nach durch die Geraden dargestellten Kräfte unter sich im Gleichgewicht.

Denn die mittlere Entfernung der Kräfte von einer beliebigen durch den Schwerpunkt gehenden Ebene, und folglich auch die Summe der Kräfte nach einer beliebigen durch den Schwerpunkt gehenden Axe genommen, ist Null, es muss folglich Gleichgewicht stattfinden.

Hieraus folgt, dass, wenn drei Kräfte an einem Punkte im Gleichgewicht sind, dieser Punkt der Schwerpunkt des von den drei Geraden gebildeten Dreiecks ist, welche die Endpunkte der die Kräfte der Grösse und Richtung nach darstellenden Geraden mit einander verbinden, weil der Schwerpunkt des Dreiecks mit dem Schwerpunkte dreier Körper zusammenfällt, deren Schwerpunkte in den drei Winkelspitzen des Dreiecks liegen.

Ebenso folgt daraus, dass, wenn vier Kräfte um einen Punkt im Gleichgewicht sind, dieser Punkt der Schwerpunkt einer von den sechs Geraden gebildeten dreiseitigen Pyramide ist, welche die Endpunkte der die Kräfte der Grösse und Richtung nach darstellenden vier Geraden verbinden.

Umgekehrt sind drei Kräfte im Gleichgewicht, welche durch die Abstände der Winkelspitzen eines beliebigen Dreiecks von dem Schwerpunkte des Dreiecks dargestellt werden, und ebenso sind vier Kräfte im Gleichgewicht, welche durch die Abstände der vier Ecken einer beliebigen dreiseitigen Pyramide von dem Schwerpunkte der Pyramide dargestellt werden.

Das Folgende ist jedoch eine allgemeine Folgerung; Nimmt man an, alle gleichen Moleküle eines Körpers von beliebiger Gestalt würden gegen einen und denselben Punkt durch Kräfte hingezogen, welche ihren Entfernungen von diesem Punkte proportional sind, und besteht dann Gleichgewicht unter ihnen, so ist jener Punkt notwendig der Schwerpunkt desKörpers.

Ist umgekehrt der Punkt gegen den hin alle Moleküle von Kräften getrieben werden, die ihren Abständen von diesem Punkte proportional sind, der Schwerpunkt des Körpers, so sind die Kräfte im Gleichgewicht, und die Attractionen können durchaus keine Bewegungen des Körpers erzeugen.

Dies ist der Fall bei unserer Erde, wenn sie als eine homogene Kugel betrachtet wird; denn wird nach dem Newton'schen Gesetze ein ausserhalb der Erde liegendes Molekül im umgekehrten Verhältnis des Quadrates seiner Entfernung vom Mittelpunkte angezogen, so wird im Innern derselben jedes Molekül nur im Verhältnis der einfachen Entfernung angezogen. Alle aus der Spannkraft entspringenden Kräfte halten sich also um den Mittelpunkt der Erde das Gleichgewicht.

Uebrigens geben wir diese Folgerung nur als das mathematische Resultat einer einfachen Hypothese und nicht als einen Beweis des Gleichgewichts der Erde infolge der verschiedenen Gewichte aller seiner Teile. Denn offenbar findet dieses Gleichgewicht in der Natur aus einem weit allgemeineren Grunde statt, der weder von dem Verhältnis, noch von der Richtung der Gravitationskraft abhängt. Denn rührt das Gewicht jedes Moleküls der Erde aus der Attraction her, welche die anderen Moleküle auf dasselbe ausüben, so ist, weil die Wirkung zwischen zwei gleichen Teilen dieselbe ist, und umgekehrt von dem einen auf den andern ausgeübt wird, das Gewicht jedes Moleküls die Resultante von unzählig vielen Kräften, deren jede eine gleiche und entgegengesetzte in dem Systeme findet; und folglich müssen alle diese Resultanten oder alle Gewichte unter sich im Gleichgewichte sein, wie auch sonst die Form und Zusammensetzung unserer Erdkugel und selbst das Attractionsgesetz zwischen den Teilen der Materie beschaffen sein mag.

II.

Wir wollen uns mit $(M+1)$ die Anzahl der um den Punkt A im Gleichgewicht befindlichen Kräfte bezeichnen, und immer $(M+1)$ gleiche, an den Endpunkten der die Kräfte darstellenden Geraden angebrachte Körper oder massive Punkte betrachten.

Da der Punkt A der Schwerpunkt aller Körper ist, so ist klar, dass, wenn die Gerade PA, welche von einem dieser Körper nach dem Punkte A geht, um den M^{ten} Teil AG ihrer Länge verlängert wird, der Punkt G der Schwerpunkt der übrigen M Körper sein wird. Da aber alle Kräfte $P, Q, R, S, \ldots$ im Gleichgewicht sind, so ist eine von ihnen, P, der Resultante der M übrigen $Q, R, S \ldots$ gleich und entgegengesetzt. Man hat also folgende Lehrsätze:

1) Die Resultante von M durch eben so viele von demselben Punkte A ausgehende Gerade dargestellten Kräften geht durch den Schwerpunkt G von M gleichen Körpern, die man sich an den Endpunkten dieser Geraden angebracht denkt, und die Grösse dieser Resultante wird durch die Mfache Entfernung AG des Angriffspunktes dieser Kräfte von dem gemeinschaftlichen Schwerpunkte dargestellt.

Ziehen sich also die gleichen Moleküle eines Körpers oder eines Systems von beliebiger Gestalt im Verhältnisse ihrer gegenseitigen Entfernungen an, so strebt jedes Molekül des Körpers gegen den Schwerpunkt im Verhältnis seines Abstandes von demselben; denn stellt man die Attractionskräfte durch die Entfernungen dar, welche die M gleichen Punkte des Systems trennen, so erhält man für jeden von ihnen eine Gesammtattraction, die gleich seiner $(M-1)$-fachen Entfernung vom Schwerpunkte der $(M-1)$ übrigen Punkte ist, oder, was dasselbe ist, gleich seiner M-fachen Entfernung vom Schwerpunkte aller M Punkte, aus denen das ganze System besteht, ist.

Man sieht ferner, dass bei diesem Attractionsgesetze Körper von beliebiger Gestalt genau so aufeinander wirken, als ob ihre Massen blosse Punkte und so zu sagen in ihrem eigenen Schwerpunkte concentriert wären; was nach Newton's Lehrsatz nur für homogene Kugeln oder für Körper, aus Kugelschichten bestehend, gilt, deren jede gleichförmig dicht ist.

2) Hat man M gleiche, beliebig unter einander verteilte Körper, so findet man ihren Schwerpunkt G, wenn man von ihnen eben so viele gerade Linien nach einem beliebigen Punkte A im Raume zieht, diese auf dieselbe Weise wie Kräfte zusammensetzt und von A aus den M^{ten} Teil der resultierenden Geraden abschneidet.

Nimmt man an, der Punkt A verändere seine Lage im Raume, so werden die von diesem Punkte ausgehenden, die Kräfte darstellenden Geraden ihre Grösse und Richtung ändern, die Resultante der verschiedenen Gruppen der in demselben Punkte zusammenlaufenden Kräfte werden jedoch stets durch denselben Punkt G gehen; dasselbe wird offenbar stattfinden, wenn der Punkt A fest ist, die Lage des Systems aber auf irgend eine Weise verändert wird.

Der Punkt G, der bei schweren Körpern der Mittelpunkt der gleichen und parallelen Gravitationskräfte ist, wird also auch der Mittelpunkt der Kräfte sein, welche in einem beliebigen Punkt des Raumes zusammenlaufen und den Entfernungen der Moleküle von diesem Punkte proportional sind.

Ist also der Schwerpunkt eines Körpers fest, so werden die solchen convergierenden Kräften unterworfenen Körper in allen beliebigen Lagen um den festen Punkt herum im Gleichgewicht sein. Die Moleküle streben nun, wie oben bei der als gleichförmig dicht angenommenen Erde, gegen den Mittelpunkt im Verhältnis der einfachen Entfernungen; ist also ein Körper im Innern dieser Kugel um seinen Schwerpunkt im Gleichgewicht, so bleibt er in allen Lagen um diesen Punkt im Gleichgewicht. Nicht so verhält sich die Sache ausserhalb der Kugel, wo die Attraction sich umgekehrt wie das Quadrat der Entfernung verhält; ist der Körper z. B. ein gerader Cylinder, der im Mittelpunkt seiner Axe gestützt wird, so kann er nur dann im Gleichgewicht sein, wenn diese Axe horizontal oder vertical ist.

Da in der Natur die Gravitationskräfte weder genau parallel, noch genau convergent sind, noch genau in dem genannten Verhältnis zu einander stehen, so hat man streng genommen in einem schweren Körper keinen Schwerpunkt d. h. einen einzigen Punkt, um welchen herum in allen möglichen Lagen des Körpers die Gravitationskräfte im Gleichgewicht sind. Bei den wenig ausgedehnten Körpern aber, welche wir auf der Erde betrachten, hat der genannte Punkt diese Eigenschaft ziemlich genau und ohne merklichen Fehler.

III.

Alles was wir soeben von mehreren gleichen massiven Punkten und von Kräften, die durch ihre Abstände von demselben Raumpunkte dargestellt werden, gesagt haben, lässt sich natürlich auch auf ein System von ungleichen Punkten oder Körpern anwenden, deren Massen $m, m', m'', \ldots$ sind; denn man braucht nur jeden der Körper z. B. m als eine Gruppe von m gleichen Punkten zu betrachten, und für die auf diesen Körper wirkende Kraft m- mal die Entfernung seines Schwerpunktes von dem betrachteten Punkte zu nehmen.

Sind also $r, r', r'' \ldots$ die Abstände der Schwerpunkte dieser Körper $m, m', m'' \ldots$ von dem gemeinschaftlichen Raumpunkte A und setzt man

$$m + m' + m'' + \cdots = M,$$

so kann man sagen, dass der Schwerpunkt aller dieser Körper in der Richtung der Resultante der Kräfte $mr, m'r', m''r'' \ldots$ und zwar um den M^{ten} Teil der sie darstellenden Geraden von A ab liegen wird.

Es sei R diese Entfernung des Punktes G von A; x, y, z die rechtwinkligen Coordinaten desselben auf A als Ursprung bezogen, ebenso seien $x, y, z; x', y', z'; \ldots$ die Coordinaten von $m, m' \ldots\ldots$ Dann werden $mx, my, mz; m'x', m'y', m'z'; \ldots$ die Componenten von mr, $m'r' \ldots$ und $M\mathrm{x}$, $M\mathrm{y}$, $M\mathrm{z}$ die Componenten der Resultante MR sein. Man erhält also:

$$M\mathrm{x} = mx + m'x' + m''x'' + \cdots$$
$$M\mathrm{y} = my + m'y' + m''y'' + \cdots$$
$$M\mathrm{z} = mz + m'z' + m''z'' + \cdots$$

Quadriert man diese Gleichungen, addiert sie und beachtet, dass

$$\mathrm{x}^2 + \mathrm{y}^2 + \mathrm{z}^2 = R^2$$
$$x^2 + y^2 + z^2 = r^2$$
$$x'^2 + y'^2 + z'^2 = r'^2$$
$$x''^2 + y''^2 + z''^2 = r''^2$$
$$\cdots\cdots\cdots\cdots\cdots\cdots$$

ist, so findet man

$$\begin{aligned} MR^2 = m^2r^2 &+ m'^2r'^2 + m''^2r''^2 + \cdots \\ &+ 2mm'\,(xx' + yy' + zz') + \cdots \\ &+ 2mm''\,(xx'' + yy'' + zz'') + \cdots \\ &+ \cdots\cdots\cdots\cdots\cdots\cdots\cdots\cdots \end{aligned}$$

Statt des Gliedes $2mm'\,(xx' + yy' + zz')$ kann man nach (113) setzen $2mr \,.\, m'r' \cos\varphi$, wo φ den Neigungswinkel der Geraden r und r' bezeichnet; desgleichen für die übrigen doppelten Produkte; man erhält also den bekannten Satz:

Das Quadrat der Resultante beliebig vieler auf einen Punkt wirkenden Kräfte ist gleich der Summe der Quadrate dieser Kräfte plus den doppelten Produkten aus je zweien von ihnen und dem jedesmaligen Neigungswinkel dieser beiden Kräfte.

Man kann auch jeden Term

$$2\,mm'\,(xx' + yy' + zz')$$

noch auf eine andere Weise umformen; denn bezeichnet α den Abstand von m und m' so ist

$$\alpha^2 = (x-x')^2 + (y-y')^2 + (z-z')^2$$

und folglich

$$2(xx' + yy' + zz') = r^2 + r'^2 - \alpha^2.$$

Ist ebenso β der Abstand von m und m'', so hat man

$$2(xx'' + yy'' + zz'') = r^2 + r''^2 - \beta^2$$

etc. Substituiert man diese Werte, so erhält man also für das Quadrat der Resultante MR den Ausdruck

$$\begin{aligned} M^2R^2 = m^2r^2 &+ m'^2r'^2 + m''^2r''^2 + \cdots \\ &+ mm'\,(r^2 + r'^2 - \alpha^2) + \cdots \\ &+ mm''\,(r^2 + r''^2 - \beta^2) + \cdots \\ &+ \cdots\cdots\cdots\cdots\cdots\cdots \end{aligned}$$

Auf der rechten Seite dieser Gleichung ist r^2 multipliciert mit

$$m^2 + mm' + mm'' + \cdots = m\,(m + m' + m'' + \cdots) = m \cdot M.$$

Ebenso ist r'^2 mit $m'M$ multipliciert etc. Man erhält also endlich die bemerkenswerte Gleichung

$$M^2R^2 = M \cdot \int(mr^2) - \int(mm'\alpha^2)$$

wo das Zeichen $\int(mr^2)$ die Summe der Produkte der Massen in die Quadrate der Abstände ihrer Schwerpunkte vom Punkte A, und $\int(mm'\alpha^2)$ die Summe der Produkte aus je zweien von ihnen in die Quadrate der gegenseitigen Entfernungen von diesen Schwerpunkten bezeichnet.

Aus dieser Formel, in welcher nur die gegenseitigen Abstände der Körper und ihre Abstände von einem beliebigen Punkte A im Raume enthalten sind, findet man die Entfernung R des Schwerpunktes G von dem Punkte A; sucht man diese Entfernung also in Bezug auf drei gegebene Punkte so hat man die Lage des Punktes G im Raume.

Aendert der Punkt A seine Lage, so ändern sich R, r, r', r'' ....; aber die gegenseitigen Abstände α, β, γ.... der verschiedenen Körper ändern sich der Annahme nach nicht, und das Glied $\int(mm'\alpha^2)$ ist constant. Weil nun der vorigen Gleichung gemäss

$$M\int(mr^2) = \int(mm'\alpha^2) + M^2R^2$$

ist, so folgt, dass der Punkt A, für welchen $\int(mr^2)$ seinen kleinsten Wert hat, der Punkt ist, wo $R = 0$ ist, und dass also dieser Punkt der Schwerpunkt G des ganzen Systems ist.

Der Schwerpunkt eines Systems von Körpern hat also die Eigenschaft, dass die Summe der Produkte der Massen in die Quadrate der Entfernungen ihrer respektiven Mittelpunkte von diesem Punkte ein Minimum, d. h. kleiner als für jeden anderen Punkt des Raumes ist.

Was den Wert dss Minimums von $\int(mr^2)$ betrifft, so geht aus der obigen Gleichung hervor, worin $R = 0$ gesetzt wird, dass er gleich der Summe der Produkte ist, welche man erhält, wenn man die Massen je zwei und zwei mit einander und mit dem Quadrate ihrer gegenseitigen Entfernungen multipliciert und das entstehende Resultat durch die Gesammtmasse des Systems dividiert; man erhält daraus ein zweites Theorem, das bei vielen Gelegenheiten nützlich sein kann.

Bleibt der Punkt A bei der Veränderung seiner Lage immer auf einer um den Schwerpunkt des Systems beschriebenen Kugel, so ist R constant, und $\int(mr^2)$ kann sich folglich nicht ändern, obgleich die einzelnen Entfernungen r, r', r'' .... sich durch die Veränderung des Punktes A ändern. Dasselbe würde stattfinden, wenn der Punkt A fest wäre, und das System sich auf irgend eine Weise um seinen Schwerpunkt G dreht.

Der Schwerpunkt eines Systems hat also auch noch die Eigenschaft, dass, wenn das System beliebig um ihn gedreht wird, die Summe der Produkte der Massen in die Quadrate ihrer Abstände von einem festen Punkte stets dieselbe bleibt.

Nimmt man an, wie wir es eben gethan haben, dass die Massen m, m', m'' .... unter sich und der Einheit gleich sind, so ist M ihre Anzahl, und die obige Gleichung erhält die Form

$$M \cdot \int(r^2) = \int(\alpha^2) + M^2 R^2.$$

Diese einfache Formel lässt sich auf alle möglichen Systeme anwenden, wenn man sich die verschiedenen Körper in lauter gleiche Teile geteilt denkt. Ist $R = 0$ so hat man

$$M \int(r^2) = \int(\alpha^2),$$

woraus der folgende geometrische Lehrsatz folgt: **Die Summe der Quadrate der gegenseitigen Abstände von M gleichen Punkten ist gleich der M-fachen Summe der Quadrate ihrer Abstände von dem gemeinschaftlichen Schwerpunkte.**

Hieraus geht hervor, dass die Summe der Quadrate der sechs Kanten einer dreiseitigen Pyramide gleich ist der vierfachen Summe der Quadrate der Abstände ihrer Ecken vom Schwerpunkte der Pyramide, weil dieser Schwerpunkt mit dem Schwerpunkte von vier gleichen, in den Ecken der Pyramide angebrachten Körpern zusammenfällt etc.

Im Vorhergehenden haben wir nur ein System von unveränderlicher Gestalt betrachtet, in dem alle Punkte so mit einander verbunden sind, dass ihre gegenseitigen Abstände sich nicht ändern können. Aus dem Gesagten erhellt, dass, wenn die Gestalt des Systems mit der Bedingung veränderlich ist, dass die Summe der Quadrate der gegenseitigen Abstände der verschiedenen Körper constant ist, auch die Summe der Quadrate ihrer Abstände vom Schwerpunkte constant bleiben wird, und umgekehrt.

Wir gehen jedoch zu anderen Eigenschaften der Schwerpunkte über.

IV.

167. Es sei ABC (Fig. 44) eine beliebige, um eine Axe in ihrer Ebene dergestallt rotierende krumme Linie, dass alle ihre Punkte immer in gleichen Entfernungen von der Axe bleiben: so erzeugt die Curve eine sogenannte Umdrehungsfläche.

Um ihre Fläche zu bestimmen beachte man, dass jedes Element ds der erzeugenden Curve die Oberfläche eines abgekürzten Kegels bildet, dessen Flächenraum gleich ist dem Produkte aus der Seite ds in den Umfang des Kreises, welchen der Mittelpunkt oder der Schwerpunkt i dieser Seite um die Axe PZ beschreibt.

Nimmt man also alle Elemente gleich gross an, so ist die ganze Oberfläche gleich der Summe der Elemente multipliciert mit dem mittleren der von ihnen beschriebenen Kreisumfängen.

Der Radius dieses mittleren Kreisumfanges ist aber der mittlere Abstand aller Curvenpunkte von der Umdrehungsaxe, oder (140) die Entfernung des Schwerpunktes von dieser Axe. Man kann also sagen:

Der Flächeninhalt einer Umdrehungsoberfläche ist gleich der Länge ihrer erzeugenden Linien multipliciert mit dem Umfange des von ihrem Schwerpunkte um die Umdrehungsaxe beschriebenen Kreises.

Rotieren auf gleiche Weise mehrere in derselben Ebene liegende Curven um eine in dieser Ebene gelegene Axe, so ist die Summe der erzeugten Oberflächen gleich dem Produkte aus der Summe der erzeugenden Linie in den Umfang des von dem Schwerpunkte ihres Systems beschriebenen Kreises.

Dabei ist jedoch zu beachten, dass, wenn die erzeugende Linie oder Linien nicht ganz auf derselben Seite der Axe liegen, der vorhergehende Ausdruck nur die Summe der von den auf einer Seite der Axe liegenden Teilen erzeugten Flächen, weniger der Summe der von den auf der andern Seite der Axe liegenden Teilen erzeugten Flächen giebt.

Die Theorie der Schwerpunkte lässt sich auch auf die Kubatur der Umdrehungskörper anwenden, und man sieht ohne Schwierigkeit, dass das

Volumen eines durch die Umdrehung erzeugten Körpers gleich ist dem Flächeninhalte der erzeugenden Durchschnittsfläche multipliciert mit dem Umfang des von ihrem Schwerpunkte um die feste Axe beschriebenen Kreises.

Betrachtet man das Rechteck *bcde* (Fig. 45), welches um die zu einer seiner Seiten *bc* parallele Axe *PZ* rotiert, so ist der durch diese Umdrehung erzeugte Körper gleich der Differenz zweier Cylinder von gleicher Höhe *cd*, von denen der eine zum Radius die Entfernung *ca* der Seite *cd* von der festen Axe und der andere zum Radius die Entfernung *ba* der Seite *be* von derselben Axe hat. Nennt man also π das Verhältniss des Kreisumfanges zum Durchmesser, so ist die Masse dieses Körpers $(\pi \,.\, ac^2 - \pi \,.\, ab^2)$. Substituiert man $(ca - cb)$ für ab, so wird dieser Ausdruck $\pi\,(2ac \,.\, bc - bc^2) \,.\, cd$ oder $bc \,.\, cd \,.\, 2\pi \left(ac - \frac{bc}{2}\right)$, d. h. gleich dem Rechteck *bcde* multipliciert in den Umfang eines Kreises, dessen Radius das Mittel aus den Radien *ca* und *ba*, oder der Abstand des Schwerpunktes des Parallelogramms von der Umdrehungsaxe ist.

Denkt man sich also nun die erzeugende Fläche *ZMN* in unendlich viele solche gleiche kleine Rechtecke geteilt, so ist der ganze erzeugte Umdrehungskörper gleich der Summe aller dieser Rechtecke oder gleich dem Inhalte der Fläche *ZMN*, multipliciert mit dem Umfange des mittleren der von den Schwerpunkten um die Axe beschriebenen Kreise. Dieser mittlere Kreis hat aber zum Radius die mittlere Entfernung aller Punkte von der Axe, oder die Entfernung des Schwerpunktes von der Axe. Es ist also damit unser Satz bewiesen.

Durch eine der vorigen ganz ähnliche Schlussfolge liesse sich auch beweisen, dass, wenn irgend eine von einer Curve geschlossene Fläche sich im Raume so bewegt, dass ihre Ebene immer (in demselben Punkte) senkrecht auf einer beliebigen Curve doppelter Krümmung steht, die Masse des erzeugten Körpers gleich ist dem Produkt aus der erzeugenden Fläche in die Länge der Curve, welche ihr Schwerpunkt beschreibt.

Wir wollen uns aber bei dem Beweise dieses Satzes nicht aufhalten, den man so gut wie die vorhergehenden aus den bekannten Formeln für die Schwerpunkte herleiten könnte. Ebenso wollen wir keine besondere Anwendung dieser Theorie auf die Oberflächen und Körper machen, welche die Geometrie unmittelbar bestimmen kann. Es war nur unsere Absicht den merkwürdigen Zusammenhang zwischen Betrachtungen zu zeigen, die auf den ersten Blick unter einander so fremd zu sein scheinen, die sich aber, wie alle der Mathematik unterworfenen Aufgaben, verketten und sich gleichsam mit einander verschmelzen, wenn man auf einen Augenblick die Ideen und Namen vergessen will, an welche der besondere Gegenstand jeder einzelnen Aufgabe uns erinnert.

Kapitel IV.

Von den Maschinen.

168. Man definiert die Maschinen gewöhnlich als Instrumente, die zur Fortpflanzung der Wirkung einer Kraft dienen. Unter diesem allgemeinen Gesichtspunkte sind auch alle Körper in der Natur Maschinen, weil sie die Wirkung der auf sie einwirkenden Kräfte fortzupflanzen vermögen. Wirken aber die Kräfte durch die Zwischenmittel eines vollkommen freien Körpers oder Systems auf einander zurück, so können sie nicht im Gleichgewicht sein, wenn nicht die oben aufgestellten Bedingungen dabei erfüllt sind; vermittelst der eigentlichen Maschinen aber kann man beliebige Kräfte in's Gleichgewicht bringen, die nicht jenen Bedingungen genügen. Dadurch also hat man ein charakteristisches Unterscheidungsmittel der Maschinen von den anderen Körpern, und man könnte die Maschinen daher als Instrumente definieren, vermöge deren man Kräfte von beliebigen Grössen und Richtungen in's Gleichgewicht bringen kann.

Lassen sich aber Kräfte, die an einem völlig freien Körper nicht im Gleichgewicht sein können, nichts desto weniger durch eine Maschine in's Gleichgewicht bringen, so folgt daraus, dass die Körper, welche die Maschinen bilden, nicht völlig frei, sondern durch Hindernisse beschränkt sind, welche sie daran hindern, der Bewegung zu folgen, welche die Kräfte ihnen mitzuteilen suchen und ihnen auch wirklich mitteilen würden, wenn sie frei wären. Man gelangt so auf natürlichem Wege zu der allgemeinen Definition: *Maschinen sind im Allgemeinen nichts anderes als Körper oder Systeme, die in ihren Bewegungen durch gewisse Hindernisse gehemmt sind.*

Wie nun Kräfte von beliebigen Grössen an solchen Körpern im Gleichgewicht sein können, ist leicht einzusehen, denn es brauchen nur die Resultanten selbst Null zu sein; dazu genügt es aber schon, dass ihre Richtungen nach den Hindernissen hin convergieren, welche sie dann durch ihre Widerstände vernichten. So z. B. kann man mit Hilfe eines festen Körpers, der sich an einen festen Punkt lehnt, eine mittlere Kraft einer anderen sehr grossen das Gleichgewicht halten, wenn sie gegen letztere nur so angebracht ist, dass ihre gemeinsame Resultante durch den festen Punkt geht. Daraus erhellt denn auch, dass die kleinste Kraft für sich der grössten nicht das Gleichgewicht halten kann, was in sich unmöglich ist, sondern dass sie gleichsam nur dazu dient, die Wirkung der grösseren, mit ihrer eigenen verbunden, auf ein unüberwindliches Hindernis abzuleiten.

Hält man irgend einer Kraft an einer Maschine das Gleichgewicht, so muss man im Grunde dazu mehr Kraft verwenden als zur direkten Vernichtung der gegebenen Kraft durch eine gleiche und entgegengesetzte Kraft nötig wäre, wenn man den Widerstand des Hindernisses als eine Kraft ansieht. Da jedoch diese von den Hindernissen erzeugten Widerstände an und für sich keine Bewegung hervorzubringen im Stande sind und nur zur Vernichtung der Bewegung dienen, so werden wir daher auf sie keine weitere Rücksicht nehmen, weil wir nur die angebrachte Kraft aufwenden. Uebrigens lassen sich auch in der Theorie vom Gleichgewicht der Maschinen die Hindernisse als die Stellvertreter von Kräften betrachten, die den durch sie vernichteten Kräften gleich und entgegengesetzt sind; substituiert man also für sie die Kräfte, welche ihre wirklichen Widerstände ausdrücken, so hat man nicht mehr bloss zwischen den ursprünglich angebrachten Kräften, sondern zwischen diesen und den Widerständen Gleichgewicht, und auf diese Weise fallen dann die Gesetze für das Gleichgewicht der Maschinen mit denen für das Gleichgewicht völlig freier Körper zusammen.

Dieser Betrachtung gemäss haben wir am Ende des zweiten Kapitels die Gesetze des Gleichgewichts für Körper aufgestellt, die verschiedenen besonderen Bedingungen unterworfen sind. Alle die, welche das dort Gesagte gelesen haben, werden der Sache nach hier wenig Neues mehr finden; denn jener Artikel enthält die allgemeinste Theorie des Gleichgewichts der drei einfachen Maschinen, auf welche sich alle anderen leicht zurückführen lassen. Für diejenigen aber, die eine Theorie der Maschinen auf eine mehr elementare Weise verlangen, wollen wir nur die folgenden Details geben.

169. Die einfachen Maschinen lassen sich auf drei ganz besondere zurückführen, die man mit Bezug auf die Beschaffenheit des Hindernisses, welches in ihre Bewegung eingreift, in folgender Ordnung betrachten kann: Der Hebel, das Rad und die schiefe Ebene.

Bei der ersten Maschine ist das Hindernis ein fester Punkt, um welchen sich der Körper nach allen Richtungen frei drehen kann.

Bei der zweiten ist das Hindernis eine feste Axe, um welche alle Punkte des Körpers nur in Parallelebenen frei rotieren können.

Bei der dritten ist das Hindernis eine starre Ebene, gegen welche sich der Körper lehnt, und auf der er frei heruntergleiten kann.

Da man diese letzte Maschine zuerst nur in Bezug auf schwere Körper betrachtet hat, die auf Ebenen im Gleichgewicht gehalten werden, welche gegen den Horizont geneigt sind: so hat man ihr den Namen schiefe Ebene (planum inclinatum) gegeben.

Wir wollen successive diese drei und einige andere sich auf sie beziehende, häufig in Anwendung gebrachte Maschinen betrachten; dabei abstrahieren wir von den verschiedenen physischen Ursachen, welche auf das Gleichgewicht Einfluss haben können, wie z. B. von der Reibung des Körpers gegen einander und der Steifigkeit der Seile, durch welche die Wirkung der Kräfte auf verschiedene Punkte der Maschinen übertragen wird. Wir nehmen an, die Wirkung der Kraft geschehe in der Axe des Seiles, an dem sie angebracht ist, so dass die Seile als vollkommen biegsame und undehnbare Fäden betrachtet werden; man wird dann leicht sehen können, wann und wie man die Durchmesser der Seile zu berücksichtigen hat. Uebrigens werden wir weiter unten auf diese Art von Instrumenten, die man wohl zu den Maschinen rechnet und Seilmaschinen nennt, zurückkommen. Was wir hier gesagt haben, mag für unseren Zweck genügen.

Der Hebel.

170. Es mögen an zwei Punkten A und B (Fig. 46) eines Hebels AFB von beliebiger Form zwei beliebige Kräfte P und Q entweder unmittelbar oder an Seilen angebracht sein, F sei der feste Punkt, um den sich der Hebel frei drehen kann, und den man gewöhnlich Unterstützungspunkt nennt; man sucht die Bedingungen des Gleichgewichts, wobei man vorläufig vom Gewichte des Hebels absieht.

Man fälle vom Punkte F aus auf die Richtungen der Kräfte P und Q zwei Lote FH und FJ, welche die nötigenfalls verlängerten Richtungen in den Punkten H und J schneiden; man betrachte diese beiden Punkte als unveränderlich fest mit den Punkten A und B verbunden, und denke sich die Kräfte P und Q unmittelbar in ihnen angebracht.

Auf den Punkt F bringe man nun zwei einander entgegengesetzte Kräfte P' und $-P$ an, die beide der Kraft P gleich und parallel sind; ebenso zwei entgegengesetzte Kräfte Q' und $-Q$ die beide der Kraft Q gleich und parallel sind. Dadurch wird offenbar der Zustand des Hebels nicht geändert. Statt der beiden anfänglichen Kräfte P und Q hat man nun 1) zwei Kräfte P' und Q', die den Kräften P und Q respektive gleich und parallel sind und denselben Sinn haben, die jedoch im Punkte F angebracht sind; 2) zwei Paare $(P, -P)$ und $(Q, -Q)$ an den Hebelarmen FH und FJ.

Die Resultante der beiden Kräfte P' und Q' wird nun von dem Widerstande des Unterstützungspunktes vernichtet, wenn man sich den Hebel unveränderlich mit diesem Punkte verbunden denkt, so dass er nur eine Rotationsbewegung um ihn vorzunehmen im Stande ist. Das aus den beiden

Paaren $(P, -P)$ und $(Q, -Q)$ resultierende Paar kann nicht durch diesen festen Punkt vernichtet werden (76); damit also Gleichgewicht bestehen kann, muss dieses resultierende Paar in sich Null, oder die zusammensetzenden Paare, $(P, -P)$ und $(Q, -Q)$ müssen gleichwertig und einander entgegengesetzt sein. Dazu müssen die beiden Paare in Parallelebenen, hier also, weil die Ebenen sich im Punkte F schneiden, in derselben Ebene liegen; dann müssen ferner ihre Momente $P.FH$ und $Q.FJ$ gleich sein; und endlich müssen sie den Hebel nach entgegengesetztem Sinne zu drehen streben.

Zum Gleichgewicht des Hebels ist also nötig und hinreichend, 1) dass die beiden auf ihn wirkenden Kräfte P und Q in derselben Ebene mit dem Unterstützungspunkte liegen; 2) dass ihre Momente in Bezug auf diesen Punkt gleich sind, und 3) dass sie nach entgegengesetztem Sinne zu drehen streben.

Für die Gleichheit der Momente $P.FH = Q.FJ$ kann man auch die Proportion

$$P : Q = FJ : FH$$

substituieren, welche ausdrückt, dass die Kräfte P und Q im umgekehrten Verhältnis ihrer Entfernungen vom Unterstützungspunkte stehen.

Vom Druck auf den Unterstützungspunkt.

171. Im Falle des Gleichgewichts kann der Unterstützungspunkt nur den Druck der beiden unmittelbar in ihm angebrachten Kräfte P' und Q' erleiden; denn die beiden Paare $(P, -P)$ und $(Q, -Q)$ sind für sich auch dann im Gleichgewicht, wenn der Hebel gar nicht unterstützt würde, sie können also keinen Druck auf den Unterstützungspunkt ausüben.

Der Druck, welchen der Unterstützungspunkt des Hebels erleidet, ist also gleich dem Druck, den die beiden Kräfte P und Q ausüben würden, wenn sie mit Beibehaltung ihrer Grösse und Richtung parallel zu sich selbst in den Unterstützungspunkt transponiert würden.

172. Vervollständigt man aus den die Kräfte P' und Q' darstellenden Geraden FP' und FQ' das Parallelogramm $FQ'RP'$, so stellt die Diagonale FR den Druck R auf den Unterstützungspunkt dar. Ist also der Widerstand des Punktes nicht unbegrenzt, so lässt sich daraus bestimmen, von welcher Grösse er sein muss, um nicht von der Wirkung der am Hebel angebrachten Kräfte P und Q fortgerissen zu werden.

Da diese Kräfte P' und Q' den Kräften P und Q respektive gleich und parallel sind, und denselben Sinn mit ihnen haben, so stellen die drei Seiten und die drei Winkel des Dreiecks FRQ' oder des Dreiecks FRP' die sechs bei einem Hebel vorkommenden Grössen, nämlich die beiden

Kräfte P und Q, den Druck R auf den Unterstützungspunkt, und die gegenseitigen Neigungen der Richtungen dieser drei Kräfte dar. Kennt man also drei beliebige dieser sechs Grössen, unter denen jedoch wenigstens eine der Kräfte P, Q, R sein muss, so kann man daraus die drei übrigen durch Auflösung des Dreiecks FRQ' finden.

173. Alles was wir bisher gesagt haben gilt für jede beliebige Gestalt des Hebels und jede beliebige Anordnung der Kräfte P und Q und des Unterstützungspunktes.

Sind die Kräfte P und Q (Fig. 47) parallel, so kann man durch den Unterstützungspunkt ein gemeinschaftliches Lot JH auf ihre Richtungen fällen, und die beiden Kräfte müssen sich dann umgekehrt verhalten wie die zwischen ihren Richtungen und dem Unterstützungspunkte liegenden Teile FH und FJ.

Der Druck auf den Unterstützungspunkt ist dabei gleich der Summe der Kräfte $(P + Q)$ oder gleich ihrer Differenz $(P - Q)$, je nachdem die Kräfte einerlei Sinn (Fig. 47) oder entgegengesetzten Sinn haben (Fig. 48).

Ist der Hebel geradlinig, so sind die Stücke FH und FJ den Stücken AF und BF proportional, wobei die letzteren die Entfernungen der Angriffspunkte der Kräfte von dem Unterstützungspunkte, auf dem Hebel selbst genommen, oder die eigentlichen Hebelarme sind; beim Gleichgewichte des geradlinigen Hebels müssen folglich die Kräfte sich umgekehrt wie ihre Hebelarme verhalten.

174. Betrachtet man die eine der beiden am Hebel wirkenden Kräfte P und Q, z. B. P, als diejenige, die der Maschine eine Bewegung mitzuteilen strebt, und bezeichnet gerade diese als Kraft; die andere Q dagegen als die, welche überwunden werden soll, und nennt sie Last, so lassen sich je nach der Lage des Unterstützungspunktes F gegen die beiden Kräfte mehrere Arten von Hebeln unterscheiden.

Fällt der Unterstützungspunkt zwischen die Kraft und Last, so hat man den Hebel erster Art (Fig. 47), wo die Kraft gegen die Last um so mehr im Vorteil ist, je länger ihr Hebelarm AF ist.

Fällt die Last Q zwischen den Unterstützungspunkt und die Kraft P, so hat man den Hebel zweiter Art (Fig. 48), wo die Kraft immer im Vorteil gegen die Last ist.

Fällt endlich die Kraft zwischen den Unterstützungspunkt und die Last, so hat man den Hebel dritter Art (Fig. 49), wo die Kraft immer im Nachteile gegen die Last ist.

Diese verschiedenen Arten von Hebeln kommen jedoch, was das Gleichgewicht betrifft, auf dasselbe hinaus. Mögen Kraft und Last gegen einander und gegen den Unterstützungspunkt liegen, wie sie wollen, so müssen, wenn man sie beide parallel zu sich selbst in den Unterstützungspunkt transponiert, die daraus entstehenden beiden Paare immer gleichwertig sein und entgegengesetzten Sinn haben, so dass für die Theorie die vorher genannten Unterschiede fortfallen und nur im Ausdruck zur Abkürzung benutzt werden können.

175. Es sollen nunmehr auf einen Hebel beliebig viele Kräfte P, Q, R .... (Fig. 50) wirken, die alle mit dem Unterstützungspunkte F in einer und derselben Ebene liegen. Zieht man aus F auf die Richtungen der Kräfte die Lote FH, FJ, FK.... und denkt man sich jede Kraft P in eine andere gleiche und parallele Kraft von demselben Sinne verwandelt, in F angebracht und in ein Paar $(P, -P)$, das zum Hebelarme die Entfernung FH dieser Kraft vom Unterstützungspunkte hat, so wird auch wieder die Resultante aller auf den Punkt F transponierten Kräfte von dem Widerstande dieses Paares vernichtet, und das resultierende Paar muss also wenn Gleichgewicht sein soll in sich Null sein, ebenso als wenn der Hebel völlig frei wäre. Daraus folgt, dass die Summe der Momente $P \cdot FH$, $Q \cdot FJ$, $R \cdot FK$, ... Null sein muss, wobei alle die Momente der Kräfte, welche den Hebel nach dem einen Sinne zu drehen streben, als positiv, und die, welche ihn nach dem entgegengesetzten Sinne zu drehen streben, als negativ betrachtet werden.

Ebenso wird auch der Druck auf den Unterstützungspunkt genau derselbe sein, als wären alle Kräfte, mit Beibehaltung ihrer Grösse und ihres Sinnes, parallel zu sich selbst in diesen Punkt transponiert.

176. Wenn nun die Kräfte P, Q, R in verschiedenen Ebenen wirken, und man sie alle in den festen Punkt parallel zu sich selbst transponiert, so müssen gleichfalls alle dadurch entstehenden Paare ein resultierendes Paar ergeben, das in sich Null sein muss, d. h. sie müssen unter sich im Gleichgewicht sein.

Um jedoch diese Bedingung des Gleichgewichts auszudrücken, bedarf es dreier Gleichungen, welche angeben, dass die Summe der Momente der Kräfte, in Bezug auf drei sich im Unterstützungspunkte schneidende Axen im Raume, und zwar für jede der drei Axen Null sei (65).

Dabei muss man beachten, dass diese drei Axen beliebig durch den Unterstützungspunkt gezogen werden können; nur dürfen sie nicht in derselben Ebene liegen, weil dann die drei Gleichungen nicht mehr die Bedingungen für das Gleichgewicht der Kräfte sein würden.

Da die aus der Transposition der Kräfte in den festen Punkt entspringenden Paare für sich im Gleichgewicht sein müssen, so folgt daraus, dass die in verschiedenen Punkten des Hebels angebrachten Kräfte sich auf dieselben Kräfte reducieren lassen müssen, die aber parallel zu sich selbst im Unterstützungspunkte vereinigt sind. Man kann also das allgemeine Gesetz für das Gleichgewicht des Hebels so aussprechen: Die auf ihn wirkenden Kräfte müssen eine einzige Resultante haben, die durch den festen Punkt geht; ein Satz, der an sich ziemlich evident zu sein scheint, und von dem man gewöhnlich als Grundsatz ausgeht, um zu den obigen Bedingungen (116 — 118) zu gelangen.

177. Wir haben bisher vom Gewicht des Hebels ganz abgesehen. Will man dasselbe berücksichtigen, so hat man dieses Gewicht als eine neue, in seinem Schwerpnnkt vertical wirkende Kraft zu betrachten und diese dann nach den früher aufgestellten Principien mit den übrigen Kräften so zu combinieren, als wäre der Hebel ohne Gewicht. Auf diese Weise muss, wenn z. B. alle Kräfte und die Richtung des Gewichts des Hebels mit dem Unterstützungspunkte in derselben Ebene liegen, die Summe aller Momente, mit Einschluss desjenigen des Gewichts, für den Zustand des Gleichgewichts Null sein.

Will man also einen Hebel anwenden, dessen Gewicht auf den Gleichgewichtszustand der Kräfte keinen Einfluss haben soll, so muss man ihn so anbringen, dass die Verticallinie aus seinem Schwerpunkte in den Unterstützungspunkt fällt. In diesem Falle ist dann das Moment des Gewichts von selbst Null und man hat nur die Momente der angebrachten Kräfte zu berücksichtigen.

178. Wir haben vorausgesetzt, dass der Unterstützungspunkt F des Hebels nach keiner Seite hin ausweichen könne, so dass der Hebel nur um ihn rotieren kann. Um sich im Innern eines Körpers einen solchen Punkt zu verschaffen, steckt man gewöhnlich einen unbiegsamen Bolzen oder Cylinder mit beliebigem Durchmesser hindurch. Der um diesen Cylinder rotierende Körper verhält sich ganz so, als rotierte er um die als starre, gerade Linie betrachtete Axe, und alle Punkte eines senkrecht zur Axe gemachten ebenen Durchschnittes, der bei dem Cylinder ein Kreis ist, rotieren genau so, als ob sie um den Mittelpunkt dieses Kreises rotierten.

Bei einer solchen Einrichtung kann dann allerdings der Hebel nicht nach allen Richtungen hin frei um den festen Punkt rotieren; liegen aber alle auf ihn wirkenden Kräfte in einer zur Rotationsaxe senkrechten Ebene, so bleiben die Gesetze des Gleichgewichts völlig dieselben. Uebrigens könnte man auch in den Hebel eine feste Kugel bringen, die ihn wenigstens in vier Punkten so berührte, dass diese vier Punkte als die Berührungspunkte einer ihrer Oberfläche umschriebenen Pyramide angesehen werden können. Der um diese Kugel rotierende Hebel könnte dann als um ihren Mittelpunkt rotierend betrachtet werden.

Am häufigsten ruht jedoch der Hebel bloss auf einer festen Unterlage wie in Fig. 46, 47, 48. Dann reichen, abgesehen von der Reibung, die obigen Bedingungen zum Gleichgewicht nicht hin. Hier müssen die Kräfte nicht bloss eine einzige, durch den Unterstützungspunkt gehende Resultante haben, sondern die Richtung dieser Resultante muss auch normal zur Berührungsfläche des Hebels mit der Unterlage sein; denn wäre sie gegen die Tangentialebene dieser Oberfläche geneigt, so könnte man sie sich immer in zwei Kräfte zerlegt denken, von denen die eine senkrecht, die andere parallel zu dieser Ebene ist, die erstere wird von der Unterlage vernichtet, die zweite behält aber ihre Wirkung und lässt den Hebel auf der Unterlage fortgleiten, wie wir in dem Artikel über die schiefe Ebene sehen werden.

Die Wage.

179. Die gewöhnliche Wage ist ein Hebel erster Art, dessen Endpunkte an Fäden zwei Schalen tragen, in welche die ihrem Gewichte nach zu vergleichenden Körper gelegt werden. Man richtet diese Maschinen gewöhnlich so ein, dass ihr Schwerpunkt in die Verticale durch den Unterstützungspunkt F (Fig. 51) fällt, und dass die Arme FA und FB des Wagebalkens völlig gleich sind. Halten sich nun zwei Körper in den Wagschalen das Gleichgewicht, so ist man sicher, das sie gleiches Gewicht haben und mithin gleiche Quantitäten Materie enthalten. Nimmt man also das Gewicht eines Körpers als Einheit an, so bestimmt man die respektiven Massen verschiedener Körper dadurch, dass man anzugeben sucht, wie vielen Gewichtseinheiten sie das Gleichgewicht halten.

Zur Richtigkeit einer Wage ist also zuerst nötig, dass ihr Schwerpunkt in die durch den Unterstützungspunkt gehende Verticale fält.

Man überzeugt sich sofort ob die Wage diese Eigenschaft besitzt, wenn man untersucht ob die Wagschalen im Gleichgewicht sind, wenn sie leer sind; ist dies nicht der Fall, so verbessert man sie leicht dadurch, dass man ein passendes Gewicht an einer der Schalen oder an einem der Arme des Wagebalkens befestigt, welches das Gleichgewicht herstellt.

Zweitens muss der Unterstützungspunkt den Wagebalken in zwei völlig gleiche Hälften teilen, und diese Bedingung ist die wichtigste.

Um die Wage in dieser Hinsicht zu prüfen, braucht man nur zwei Körper in den Schalen in das Gleichgewicht zu bringen, und sie darauf mit einander umzuwechseln. Sind die Arme gleich, so wird auch jetzt noch Gleichgewicht vorhanden sein, weil dann die im Gleichgewicht befindlichen Körper gleich sind und sich mithin, ohne das Gleichgewicht zu stören, in den Schalen umwechseln lassen.

Sind die Arme aber ungleich, so muss bei der Vertauschung der Gewichte das Gleichgewicht gestört sein, weil die im Gleichgewicht befindlichen Gewichte sich umgekehrt verhalten, wie die Längen der Arme, durch die Verwechslung also das grössere Gewicht an den längeren Arm kommt und demnach aus doppeltem Grunde notwendig das andere überwiegt.

Die Wage ist in diesem Falle falsch und kann nur durch Veränderung des Unterstützungspunktes oder eines der Aufhängepunkte der Schalen rectificiert werden.

Dessen ungeachtet lässt sich eine solche Wage zur Bestimmung des wahren Gewichts eines Körpers anwenden, wenn man nur zwei Versuche anstellt. Es sei P das unbekannte Gewicht, x der eine, y der andere Arm des Wagebalkens; man lege zuerst P in die Schale an dem Arme x. Braucht man nun A Gewichte in der anderen Schale zum Gleichgewicht, so ist

$$Px = Ay.$$

Legt man jetzt das Gewicht P in die Schale an dem Arme y und braucht man ein bekanntes Gewicht B in der anderen Schale um das Gleichgewicht herzustellen, so ist

$$Py = Bx.$$

Multipliciert man diese beiden Gleichungen Glied für Glied, so erhält man

$$P^2 = AB$$
$$P = \sqrt{AB},$$

Das wahre Gewicht des Körpers ist also die mittlere geometrische Proportionale zwischen den beiden Gewichten, denen der Körper abwechselnd in den beiden Schalen der Wage das Gleichgewicht hält.

Die Schnellwage.

180. Die Schnellwage ist gleichfalls ein geradliniger Hebel erster Art, dessen Arme FA und FB (Fig. 52) aber ungleich sind.

An dem Endpunkte A des kürzeren Armes wird der Körper aufgehängt, dessen Gewicht Q bestimmt werden soll; man befestigt ihn da mittelst eines Hakens, oder man legt ihn besser in eine Wagschale, die wie bei der gemeinen Wage frei im Punkte A aufgehängt ist. Am andern Arme FB der Schnellwage ist ein bekanntes Gewicht p vermittelst eines Ringes verschiebbar, so dass es, wenn man es in die richtige Entfernung FJ vom Unterstützungspunkte J bringt, dem auf der anderen Seite wirkenden Körper das Gleichgewicht hält.

Bemerkt man sich auf solche Weise in jedem Punkte J des Hebelarmes FB in Zahlen das Verhältnis der beiden Kräfte Q und p, wenn diese im Gleichgewicht sind, so erhält man ein sehr bequemes Instrument, um das Gewicht verschiedener Körper mittelst eines einzigen, zur Einheit genommenen Gewichts **p** bestimmen zu können. Man braucht dann nur in jedem Falle den Punkt J aufzusuchen, wohin man das sogenannte Laufgewicht p schieben muss, damit es mit dem Gewichte Q im Gleichgewichte sei, und findet dann in diesem Punkte das Verhältnis von Q zu p oder das gesuchte Gewicht des Körpers.

Ist die Schnellwage derart eingerichtet, dass der Schwerpunkt der ganzen Maschine, d. h. des Wagebalkens und der Schale, in den Unterstützungspunkt F fällt, so ist das Gesetz des Gleichgewichts zwischen den beiden angebrachten Kräften dasselbe als wenn die Wage AC ganz ohne Gewicht wäre; es muss sich dann Q zu p verhalten wie FJ zu FA, und in diesem Falle ist die Construction einer Schnellwage, nämlich ihre Einteilung, sehr leicht.

Liegt aber der Schwerpunkt der ganzen Maschine rechts oder links von dem Unterstützungspunkt, so steht Q zu p nicht mehr im Verhältnisse von FJ zu FA, sondern dieses Verhältnis muss um eine gewisse, vom Gewichte V der Maschine und dem Abstande dieses Gewichtes V vom Unterstützungspunkte abhängige Grösse vermehrt oder vermindert werden. Die Einteilung der Schnellwage muss dem entsprechend verschieden ausfallen; es ist aber leicht zu sehen, dass die Teilpunkte demnach auf dieselbe Weise verteilt sein müssen, nur wird der Anfangs- oder Nullpunkt der Teilung d. h. der Punkt, in welchen man für das Gewicht Q Null setzt, nicht mehr in den Unterstützungspunkt F, sondern um eine gewisse, leicht zu bestimmende Entfernung vor oder hinter ihn in O (Fig. 53) fallen.

181. Aber auch ohne das Gewicht und den Schwerpunkt einer Schnellwage zu kennen, kann man auf folgende, sich natürlich und leicht aus der Theorie der Paare ergebende Weise dieselbe sehr genau einteilen.

Es sei zuerst die Wagschale leer, oder das Gewicht Q Null; man schiebe dann das Laufgewicht p rechts oder links vom Unterstützungspunkte in einen Punkt O so weit, bis der Wagebalken AB horizontal wird. In dieser Lage geht der Schwerpunkt des ganzen Systems mit Inbegriff des Laufgewichts p durch den Punkt F, wo das Gewicht der ganzen Maschine vernichtet wird. Der Punkt O ist also der Nullpunkt der Einteilung, weil hier das Gewicht Q Null ist.

Bringt man nun in die leere Wagschale ein Gewicht $p' = p$, so ist das Gleichgewicht gestört, wird aber sofort wieder hergestellt, wenn man das Laufgewicht um eine passende Grösse fortschiebt. Vermehrt man auf solche Weise in der einen Wagschale das Gewicht, so muss das Laufgewicht auf der anderen Seite des Wagebalkens um die nötige Länge desselben fortrücken, wenn Gleichgewicht stattfinden soll. Denkt man sich nun das Gewicht p' parallel mit sich selbst aus A in den Unterstützungspunkz F transponiert, so wird es hier vernichtet, und es bleibt nur ein Paar $(p', -p')$, das an $FA = r$ wirkt, und dessen Moment $p'r$ ist. Das in die Wagschale gelegte Gewicht p' fügt also auf dieser Seite des Wagebalkens ein Paar oder ein Moment pr hinzu; man muss also auf der anderen Seite ein gleiches entgegengesetztes Paar $(-p, +p)$ anbringen, das denselben Hebelarm r hat. Dieses Paar darf man auf die Gerade $OH = r$ versetzen, wo dann die Kraft $-p$ die ihr gleiche und entgegengesetzte Kraft p vernichtet, und wo nur die Kraft $+p$ bleibt, die gewissermassen nur das um die Länge $OH = r$ fortgeschobene Laufgewicht p ist. Daraus geht hervor, dass man für jedes in die Wagschale gelegte Gewicht p das Laufgewicht um die constante Länge r des kleineren Armes der Schnellwage weiterschieben muss, und dass man, wenn man einen Teil von p in die Wagschale legt, auch das Laufgewicht offenbar um denselben Teil von r fortrücken muss.

Von dem auf obige Weise bestimmten Nullpunkte O der Einteilung hat man also gleiche Teile r auf dem Wagebalken abzutragen, und diese Teilpunkte mit 0, 1, 2, 3, 4, 5 . . . zu bezeichnen. Will man dann etwa noch zwischen diesen Punkten Zehnteile, Hundertteile bezeichnen, so lässt sich mit dem Instrumente das Gewicht der abzuwägenden Körper in Dezimalteilen des bekannten Laufgewichtes p angeben.

Die Schnellwage kann in vielen Fällen mit Nutzen angewendet werden, wo man die gemeine Wage nicht gebrauchen kann, weil sie verschiedene Gewichtsstücke erfordert, während bei der Schnellwage nur ein einziges nötig ist.

Sie hat ferner noch den Vorteil, dass der Unterstützungs- oder Aufhängepunkt vom Gewicht der abzuwägenden Körper nicht so stark gedrückt wird; denn bei der gemeinen Wage beträgt dieser Druck das Doppelte des abzuwägenden Körpers oder $2\,Q$, bei der Schnellwage nur $Q + p$ oder nur Q, also nur halb soviel wie vorher, wenn man das Laufgewicht zum Gesammtgewichte der Maschine rechnet.

Man kann nun diese Schnellwage noch auf verschiedene Arten abändern, wenn man statt des Laufgewichtes p den abzuwägenden Körper Q oder den Aufhängepunkt des Balkens AB verschiebbar macht.

Dadurch ergeben sich noch verschiedene Constructionen dieser Wage, bei denen wir uns aber nicht länger aufhalten wollen, weil bei ihnen allen das Princip dasselbe ist.

Die Quadrantenwage.

182. Zur Gewichtsbestimmung kann man sich auch eines Winkelhebels ABC (Fig. 54) bedienen, der um einen festen Punkt C drehbar ist, und dessen Arme CA und CB einen rechten Winkel ACB mit einander bilden. Man nennt solche Wagen Quadrantenwagen.

Der Einfachheit wegen wollen wir annehmen, dass der Arm CB, an dem das zu bestimmende Gewicht aufgehängt wird, über den Unterstützungspunkt C hinaus um eine gleiche Länge CB' verlängert sei, so dass der Schwerpunkt des Armes BB' genau in den Mittelpunkt C fällt; das Gewicht des Hebelarmes CB wird dann durch das entgegengesetzte CB' in allen Lagen des Hebels um den festen Punkt herum vernichtet und braucht nicht weiter in Betracht gezogen zu werden. Der Arm CA dagegen hält mit seinem eigenen Gewichte und dem, das etwa sonst noch an ihm befestigt sein kann, dem Gewicht des Körpers, das Gleichgewicht; in den meisten Fällen verfertigt man diesen Arm, die sogenannte Nadel CA oder bei der Wage besser Zunge, aus einer so schweren Materie, dass die aus seinem Gewichte im Schwerpunkte G resultierende Kraft p allein die Stelle des Gegengewichts vertritt. Es sei nun p das Gewicht der Nadel und das Gewicht der Körper, die etwa noch an ihr befestigt sind, und es sei der Punkt G in dem Abstande CG vom Unterstützungspunkte der gemeinsame Schwerpunkt.

Im freien Zustande fällt die Nadel CA in die Verticale CO, und der Arm CB ist horizontal; hängt man aber in B einen Körper mit dem Gewicht Q auf, so neigt sich der Arm CB gegen die Verticale, und die Nadel CA entfernt sich von ihr; die Entfernung BH der Kraft Q vom Unterstützungspunkte wird also kleiner, und die Entfernung GJ der anderen Kraft p von demselben Punkte grösser. Damit der Winkelhebel im Gleichgewicht sein kann, muss er also eine solche Lage einnehmen, dass die Momente $Q \,.\, BH$ und $p \,.\, GJ$ beiderseits gleich werden.

Ist nun $\varphi = ACO$ der Winkel, den die Nadel mit der Verticale bildet, $R = CG$ der Abstand ihres Schwerpunktes vom Angriffspunkte, und $r = CB$ die Länge des Hebelarmes, an dem der Körper aufgehängt ist, so ist

$$GJ = R \sin \varphi; \qquad BH = r \cos \varphi.$$

Statt der Gleichung

$$Q \,.\, BH = p \,.\, GJ$$

für das Gleichgewicht hat man also nunmehr

$$p \,.\, R \sin \varphi = Q \,.\, r \cos \varphi$$

oder

$$\operatorname{tg} \varphi = \frac{r\,Q}{R \,.\, p}.$$

In diesem Ausdrucke sind die drei Grössen r, R, p constant; es folgt also daraus der Satz: Die Tangente des Neigungswinkels φ der Nadel wächst genau proportional dem Gewichte Q des zu wägenden Körpers.

Bringt man also an der Wage einen Kreisquadranten $COAM$ an, welcher den Sector vorstellt, den die Nadel von der Verticalen CO aus bis zur Horizontalen CM durchlaufen kann, so lassen sich ohne Schwierigkeit an den verschiedenen Punkten dieses Bogens die den verschiedenen Gewichten entsprechenden Zahlen anbringen.

Denn zieht man an den Kreisbogen in O die unbegrenzte Tangente OT, und hängt man in B das Gewicht auf, das als Einheit betrachtet werden soll, so hebt sich die Nadel um einen gewissen Kreisbogen OA; verlängert man die Richtung der Nadel, bis sie die Linie OT in a schneidet, so stellt Oa die Tangente des Kreisbogens, der zur Gewichtseinheit gehört, dar. Man braucht also nur von O aus auf der Geraden OT lauter gleiche Teile Oa abzuschneiden und die Teilpunkte mit dem Centrnm C durch gerade Linien zu verbinden; wo diese Geraden den Quadranten schneiden, schreibt man die Zahlen 0, 1, 2, 3, 4... hin. Zur Unterabteilung teilt man OT in Decimalteile, und findet dann durch dieselbe Construction auf dem Kreisbogen die Punkte, welche den Dezimalteilen der Gewichtseinheit entsprechen.

183. Wie klein nun auch das Gewicht p der Nadel sein mag, so geht doch aus der Proportion

$$Q : p = R \operatorname{tg} \varphi : r$$

hervor, dass dieses Gewicht p stets einem beliebig grossen Gewichte Q das Gleichgewicht halten kann, weil die Tangente von φ grösser als jede gegebene Grösse werden kann. Die Quandrantenwage ist also von einem ausgedehnteren Gebrauche als die Schnellwage, und kann wohl dazu dienen an diesem kleinen Apparate die grössten Lasten zu wiegen.

Da sich indess die Tangente des Bogens φ für gleiche Grade nicht auch um gleiche Teile vermehrt, sondern immer kleiner wird, so weichen die oberen Einteilungen der Wage für gleiche Gewichtszunahmen der Last immer weniger von einander ab; soll also die Maschine die Gewichtsunterschiede in der Höhe genau angeben, so darf das Gewicht der Nadel nicht zu klein sein sein. Deshalb bringt man denn auch zum Abwägen bedeutender Lasten an der Nadel ein gewisses Gewicht an, um sie im mittleren Teile des Quadranten zu erhalten, wo die Ungleichheiten des Gewichts in der Einteilung noch deutlicher bemerkbar werden.

Die Rolle.

184. Das Gleichgewicht der Rolle lässt sich ganz einfach auf das des Hebels zurückführen.

Die Rolle ist ein kreisförmiges Rad ABK (Fig. 55), welches in einer Zwinge CN um eine Axe C beweglich ist. Ueber einen Teil AB ihres Umfanges ist ein Seil $PABQ$ geschlagen, an dessen beiden Enden zwei Kräfte P und Q wirken. Zieht man an die äussersten Berührungspunkte zwei Radien CA und CB, so kann man sich die Kräfte an dem Winkelhebel ACB angebracht denken, dessen Arme einander gleich sind. Damit also Gleichgewicht entstehen kann, müssen die Kräfte P und Q völlig gleich sein.

Die Belastung des Mittelpunktes C der Rolle (171) ist dieselbe, als wären beide Kräfte P und Q parallel zu sich selbst nach C in P' und Q' transponiert. Stellen also CP' und CQ' die Grössen der Kräfte dar, und vervollständigt man das Parallelogramm $P'CQ'R$, so ist die Diagonale CR desselben die Belastung des Punktes C.

Verbindet man die Punkte A und B durch die gerade Linie AB, so ist das Dreieck ABC gleichschenklig und dem Dreieck $P'CR$ ähnlich, man hat also

$$P' \text{ oder } P : R = AC : AB$$

d. h. Jede der beiden an dem Seile wirkenden Kräfte P und Q verhält sich demnach zum Drucke, den die Axe der Rolle erleidet, wie der Radius der Rolle zur Sehne des vom Seile umschlungenen Kreisbogens.

185. Wird die Axe, statt befestigt zu sein, von einer Kraft gehalten, die dem Drucke auf sie gleich und entgegengesetzt ist, und wird das Ende des Seiles AF (Fig. 56), statt von der Kraft P gezogen zu werden, unabänderlich in einem festen Punkte F befestigt, so kann sich dadurch das Gleichgewicht der Rolle nicht ändern, und das Seil wird stets auf gleiche Weise gespannt sein.

Die Kraft Q wird also zu der Kraft, welche die Axe der Rolle hält, noch in demselben Verhältnisse stehen wie vorher.

Betrachtet man also ein Gewicht P, das an der Zwinge CN im Centrum der Rolle aufgehängt ist, so hat man den Satz: die Kraft Q, welche das Seil zu heben strebt, verhält sich zu diesem Gewicht, wie der Radius der Rolle zu der Sehne des vom Seile umschlungenen Bogens der Rolle.

Ist dieser Bogen der dritte Teil des Halbkreises, so ist seine Sehne AB gleich dem Radius, die Kraft Q also gleich dem Gewichte P.

Sind die beiden Teile des Seiles parallel, so ist die Sehne AB (Fig. 57) der Kreisdurchmesser, die Kraft also nur die Hälfte von der Belastung des Mittelpunktes. Dies ist der günstigste Fall für die Kraft, weil der Durchmesser die grösste aller Kreissehnen ist.

Das Rad an der Welle.

186. Rad im Allgemeinen wird, wie wir schon früher gesagt haben, jeder Körper von beliebiger Figur genannt, der nur um eine feste Axe rotieren kann.

Was man aber in der Maschinenlehre Rad oder Rad an der Welle nennt, ist ein Cylinder, an dessen Grundflächen zwei andere Cylinder mit derselben Axe aber von kleinerem Durchmesser befestigt sind, und Zapfen heissen.

Diese Zapfen ruhen auf zwei festen Unterlagen, F und H (Fig. 58); dreht sich der Cylinder um seine Zapfen, so befindet er sich ganz in demselben Zustande, als wenn er um seine als starre gerade Linie betrachtete Axe rotiert.

Die zu überwindende Last oder das zu hebende Gewicht Q ist an einem Seile befestigt, welches sich auf die Welle aufwickelt, während eine Kraft P diese umdreht. Die Kraft P bewegt die Welle entweder an einem Seile CP, das von einem auf der Axe des Cylinders senkrecht stehenden und mit dem Cylinder fest verbundenen Rade CB tangential fortläuft, oder an einem unter rechtem Winkel durch den Cylinder gehenden Arme, oder einer Kurbel etc.

Die Maschine erhält, je nach dem Zwecke wozu sie angewendet werden soll und nach ihrer Lage, verschiedene Benennungen. Gewöhnlich heisst sie **Rad an der Welle**, wenn die Axe der Welle horizontal, und **Haspel**, wenn diese vertical ist, und die Kraft an Armen auf sie wirkt. Was jedoch auch der Zweck der Maschine sei, wie sie aufgestellt, und auf welche Weise sie auch in Bewegung gesetzt sein mag, die Bedingungen des Gleichgewichts bleiben bei ihr stets dieselben. Wir betrachten sie deshalb der Einfachheit halber nur, unter dem ersteren Gesichtspunkte. Wir nehmen an, dass die Axe AB der Welle horizontal, die Ebene des Rades also vertical sei; die Kraft P soll in irgend einem Punkte Q tangential auf das Rad, und die Last Q in einer zum Rade parallelen Ebene nach einer verticalen Tangente auf die Oberfläche der Welle, oder vielmehr auf den Umfang des durch den Berührungspunkt D in die Welle gemachten Kreisschnittes DJO wirken.

Es soll nun zuerst das Verhältnis der Kraft zur Last für den Zustand des Gleichgewichts, und dann der Druck der Zapfen auf die Stützpunkte F und H ermittelt werden.

Es sei B der Mittelpunkt des Rades, A der des Kreisdurchschnittes DJO. Man ziehe die Radien CB und DA, welche auf den respektiven Kräften P und Q senkrecht sein werden.

Transponiert man die Kraft Q parallel mit sich selbst aus D in A, so entspringt aus ihr eine Kraft Q', die gleich und parallel zu Q und von demselben Sinne ist und in A wirkt, und ein Paar $(Q, -Q)$, dessen Hebelarm der Radius DA der Welle ist. Transponiert man ebenso die Kraft P aus C in B so entsteht gleichfalls aus ihr eine Kraft P', gleich und parallel zu P und von demselben Sinne, die in B wirkt, und ein Paar $(P, -P)$, dessen Hebelarm der Radius CB des Rades ist.

Die beiden Kräfte P' und Q' wirken nun auf zwei Punkte A und B der festen Axe der Welle, werden also von ihrem Widerstand vernichtet.

Die beiden Paare $(P, -P)$ und $(Q, -Q)$ müssen aber mit einander im Gleichgewicht sein; denn transponiert man der Deutlichkeit wegen das Paar $(Q, -Q)$ in der Ebene des Paares $(P, -P)$, was gestattet ist, so setzen sich offenbar beide Paare in ein einziges zusammen, das niemals um den Punkt B des Rades im Gleichgewicht sein kann. Das resultierende Paar muss folglich in sich Null, oder die beiden entgegengesetzten Paare $(P, -P)$

und $(Q, -Q)$ müssen gleich sein. Es müssen also auch ihre Momente $P.CB$ und $Q.DA$ einander gleich sein, d. h. man muss haben

$$P.CB = Q.DA$$

oder

$$P:Q = DA:CB$$

d. h. für den Gleichgewichtszustand eines Rades an der Welle muss also die Kraft zur Last sich verhalten, wie der Radius der Welle zum Radius des Rades.

Vom Druck auf die Unterstützungspunkte.

187. Da die Paare $(P, -P)$ und $(Q, -Q)$ für sich im Gleichgewicht sind, so können nur die Kräfte P' und Q' auf die feste Axe, und mithin auf die Unterstützungspunkte drücken. Daraus folgt zuerst: der von den auf das Rad der Welle wirkenden Kräfte P und Q auf die Unterstützungspunkte ausgeübte Druck ist völlig derselbe, als wären diese Kräfte in ihren zur Axe senkrechten Ebenen parallel zu sich selbst in diese Axe transponiert.

Um den Druck auf jeden einzelnen Unterstützungspunkt F und H zu finden, zerlege man die Kraft Q' in zwei andere parallele in den respektiven Punkten F und H angebrachte Kräfte q und q', und ebenso P' in zwei andere parallele, in denselben Punkten wirkende Kräfte p und p'. Die Resultante der beiden Kräfte p und q giebt dann die Grösse und Richtung des Druckes auf den Stützpunkt F, und die Resultante der beiden Kräfte p' und q' giebt die Grösse und Richtung des Druckes auf den Stützpunkt H.

Wir haben von dem Gewichte der Maschine selbst ganz abgesehen. Gewöhnlich ist der Maschinenkörper in Bezug auf seine feste Axe durchaus symmetrisch und der Schwerpunkt fällt in die Axe selbst. Dann bleibt das oben aufgestellte Verhältnis zwischen Last und Kraft dasselbe, die Belastungen der Unterstützungspunkte ändern sich jedoch. Um die reellen Werte dieser Belastungen bestimmen zu können, betrachte man das ganze Gewicht der Maschine als eine Vertikalkraft V, die in ihrem Schwerpunkte G angebracht ist, und zerlege sie in zwei andere parallele, in den Punkten F und H angebrachte Kräfte g und g'; die Resultante der drei Kräfte p, q und g giebt dann den Druck auf F, und die Resultante von p', q' und g' den Druck auf H an, so dass man die kleinsten Widerstände kennt, welche die Unterstützungspunkte leisten müssen, wenn sie nicht von der vereinten Wirkung der Kräfte P und Q und des Gewichtes V der ganzen Maschine fortgerissen werden sollen.

188. Bei dem bisher Gesagten ist vorausgesetzt, dass die Seile DQ und CP unendlich dünn, also ohne Dicke sind; in der Wirklichkeit aber haben sie immer einen gewissen endlichen Durchmesser, und dadurch kann das obige Verhältnis zwischen Last und Kraft merklich geändert werden. Denkt man sich die Kräfte in den Axen der Seile wirkend, so werden ihre respektiven Hebelarme um die Radien der Seile vergrössert; es verhält sich also jetzt nicht mehr die Kraft zur Last wie der Radius der Wellen zum Radius des Rades, sondern die Kraft P verhält sich zur Last Q, wie der Radius der Welle plus dem Radius des Seiles DQ zu dem Radius des Rades plus dem Radius des Seiles CP.

Sind die Radien der Seile DQ und CP den Radien der Welle und des Rades proportional, so bleibt obiges Verhältnis so bestehen, als wirkten Kraft und Last tangential auf Rad und Welle an unendlich dünnen Seilen.

189. Betrachtet man ein Rad an der Welle, auf welches beliebig viele Kräfte in zur Axe senkrechten Ebenen wirken, so lässt sich jene Kraft in eine andere gleiche und parallele Kraft von demselben Sinne und an der Axe wirkend, und in ein Paar verwandeln, das zum Hebelarm den Abstand der Kraft von der Axe hat. Alle auf die Axe transponierten Kräfte werden von dem Widerstand der Axe vernichtet; damit also Gleichgewicht bestehe, müssen sich alle Paare auf ein einziges Paar reducieren lassen, das in sich Null ist. Da alle Paare in parallelen Ebenen liegen, so ist das resultierende Paar gleich ihrer Summe, und als Bedingung des Gleichgewichts muss folglich die Summe der Momente aller Kräfte in Bezug auf die Axe Null sein; dabei nimmt man die Momente als negativ an, deren Kräfte nach entgesetztem Sinne zu drehen streben.

Was die Belastungen der Unterstützungspunkte betrifft so sind sie offenbar dieselben, als würden alle Kräfte mit Beibehaltung ihrer zur Axe senkrechten Ebenen parallel zu sich selbst in die Axe transponiert. Liegen die Kräfte an der Welle in beliebigen Ebenen, so kann man jede von ihnen in zwei andere zerlegen, die eine parallel, die andere senkrecht zur festen Axe. Transponiert man dann die Parallelkräfte auf die Axe, so wird ihre Resultante von dem longitudinalen Widerstande, und das resultirende Paar, welches durch dieselbe Axe geht, von dem transversalen Widerstande vernichtet. Es bleibt also zum Gleichgewicht der Welle nur noch die Gruppe von Kräften zu betrachten, die in auf der festen Axe senkrechten Ebenen liegen, und dies führt uns auf den vorigen Fall zurück.

Nennt man also die Kräfte $P, P' P'' \ldots$, ihre Neigungswinkel gegen die Axe $\omega, \omega' \omega'' \ldots$ und ihre kürzesten Abstände von derselben $p, p', p'' \ldots$, so hat man für den Zustand des Gleichgewichts die Gleichung

$$Pp \sin \omega + P'p' \sin \omega' + P''p'' \sin \omega'' + \cdots = 0,$$

welches die in (120) aufgestellte Bedingungsgleichung ist.

Die Axe der Welle erleidet einen Druck: 1) von den auf sie transponierten Seitenkräften $P \sin \omega$, $P' \sin \omega'$, $P'' \sin \omega'' \ldots$ 2) von der Resultante der Parallelkräfte $P \cos \omega$, $P' \cos \omega'$, $P'' \cos \omega'' \ldots$, welche die Welle in der Richtung ihrer Länge fortzuziehen strebt; und 3) von dem aus letzteren Kräften resultierenden Paare, das aus zwei gleichen, auf die Axe senkrechten Kräften besteht, welche auf diese in einander entgegengesetztem Sinne wirken.

Von der schiefen Ebene.

190. Wenn ein Punkt gegen eine starre, unbiegsame Ebene durch eine zu dieser Ebene normale Kraft gedrückt wird, so muss er offenbar im Gleichgewicht bleiben, weil kein Grund vorhanden ist, warum er sich in der Ebene mehr nach dieser als nach jeder anderen Seite bewegen sollte, da alle Richtungen, die er einschlagen könnte, einen rechten Winkel mit der Richtung der Kraft bilden. Durch die Ebene hindurch kann er sich übrigens nicht bewegen, weil sie als vollkommen starr angenommen wird.

Umgekehrt kann der genannte Punkt nicht im Gleichgewicht sein, wenn nicht die Kraft, die ihn gegen die Ebene drückt, normal zur Ebene ist; denn wäre sie nicht normal, so lässt sie sich jedesmal in zwei andere Kräfte zerlegen: in eine senkrecht zur Ebene, und in eine in die Ebene fallende; die erstere wird vor der Ebene aufgehoben, die zweite behält jedoch ihre volle Wirkung, weil sie nicht durch die Gegenwart einer Ebene vernichtet werden kann, längs deren sie wirkt. Es wird also auch kein Gleichgewicht bestehen können.

Dasselbe gilt von einem Punkte, der sich gegen eine krumme Oberfläche lehnt, weil man sich durch den Berührungspunkt eine Tangentialebene gelegt, und dann den Punkt als auf diese Ebene wirkend denken kann. Damit also Gleichgewicht stattfinde, muss die Richtung der Druckkraft im Berührungspunkte normal zu dieser Ebene sein, und dies ist der Grund, warum zum Gleichgewicht eines auf einer Unterlage ruhenden Hebels nicht nur erfordert wird, dass die Resaltante der Kräfte durch die Unterlage gehe, sondern auch, dass sie senkrecht stehe auf dem Berührungselement des Hebels mit der Unterlage.

191. Aus dem Gesagten ist also klar, dass, wenn ein Körper auf einer starren Ebene im Gleichgewicht ist, die Ebene nur solche Kräfte vernichten kann, deren Richtungen normal zu den verschiedenen Berührungspunkten sind, und dass folglich ihr Widerstand auch nur solche Kräfte nach entgegengesetztem Sinne erzeugen kann.

Stützt sich also ein Körper von beliebiger Gestalt, auf den irgend welche Kräfte P, Q, $R \ldots$ (Fig 59) wirken, nur in einem einzigen Punkte O gegen eine Ebene, so kann er nur dann im Gleichgewicht bleiben, wenn alle auf ihn wirkenden Kräfte P, Q, R... mit einer einzigen Kraft N im Gleichgewicht sind, welche in dem Punkte O normal zur Ebene ist und ihren Widerstand vorstellt. Damit also ein Körper, der sich nur in einem einzigen Punkte gegen eine Ebene stützt, im Gleichgewicht sei, müssen also folgende Bedingungen erfüllt sein:

1) Alle auf ihn wirkenden Kräfte müssen eine einzige Resultante haben:

2) Die Richtung dieser Resultante muss normal zur Ebene sein;

3) Diese Resultante muss durch den Berührungspunkt gehen.

Diese drei Bedingungen sind, wie man sieht, dieselben, wie wir sie eben für das Gleichgewicht eines Hebels aufgestellt haben, der nur auf einem einzigen Unterstützungspunkt ruht. Wir hätten sie durch dieselben Ueberlegungen finden und auch gleichfalls so aussprechen können: alle parallel zu sich selbst in den Berührungspunkt transponierten Kräfte müssen hier eine einzige Resultante geben, die normal zur Ebene ist, und alle entstehenden Paare müssen ein resultierendes Paar geben, das in sich Null ist.

192. Berührt der Körper die Ebene in mehreren Punkten A, B, C, D... (Fig. 60), so erzeugt jeder Berührungspunkt einen in diesem Punkte zur Ebene normalen Widerstand. Da aber alle diese Widerstandskräfte parallel und von gleichem Sinne sind, so setzen sie sich immer zu einer einzigen Resultante zusammen, deren Richtung notwendig ins Innere des von den Punkten A, B, C, D... gebildeten Polygons fällt. Die auf den Körper wirkenden Kräfte müssen also mit dieser Resultante im Gleichgewicht sein, und man erhält den Satz:

Stützt sich ein Körper gegen eine Ebene in mehreren Punkten so ist zum Gleichgewicht erforderlich, dass die auf ihn wirkenden Kräfte sich zu einer einzigen zusammensetzen lassen welche normal zur Ebene ist, und deren Richtung ins Innere des von den Berührungspunkten gebildeten Polygons fällt.

Daraus geht hervor, dass, wenn der Körper sich auf eine begrenzte Oberfläche stützt, die Resultante die Ebene in einem Punkte dieser Oberfläche schneiden muss.

Vom Druck auf die Ebene.

193. Stützt sich der Körper nur in einem einzigen Punkte gegen die Ebene, so folgt aus dem Gesagten, dass der von den Kräften auf die Ebene ausgeübte Druck gleich ist ihrer Resultante.

Ruht der Körper in zwei Punkten A und B (Fig. 61) auf der Ebene, so zerlegt sich die Resultante N, deren Richtung notwendig zwischen A

und B in die Verbindungslinie der Stützpunkte fällt, in zwei Parallelkräfte p und q, welche die respektiven Druckkräfte auf A und B sind.

Ist O der Punkt, wo die Resultante N die Gerade AB schneidet, so hat man für den Druck p auf den Punkt A die Proportion

$$N : p = AB : BO$$

und für den Druck q auf den Punkt B die Proportion

$$N : q = AB : AO.$$

Stellt also die Gerade AB die Resultante oder den Totaldruck N der beiden Stützpunkte dar, so werden die einzelnen Druckkräfte auf die beiden Stützpunkte umgekehrt durch ihre Abstände von dem Totaldruck dargestellt.

Ruht der Körper auf drei Punkten A, B, C (Fig. 62), so muss die Resultante N der Kräfte durch einen Punkt O im Innern des Dreiecks ABC gehen (192). Zieht man aus einem Dreieckswinkel, z. B. aus A, nach O eine gerade Linie AO und verlängert diese, bis sie die gegenüberstehende Seite BC in J schneidet, so lässt sich die Kraft N in zwei Parallelkräfte p und n zerlegen, die in den Punkten A und J angebracht sind. Ferner lässt sich die Kraft n wieder in zwei Parallelkräfte q und r zerlegen, die in B und C wirken. Die drei Kräfte p, q, r geben dann die drei respektiven Druckkräfte auf die Punkte A, B, C.

Vervollständigt man die drei Dreiecke BC, AC, AB an dem gemeinschaftlichen Scheitelpunkte O und mit den respektiven Grundlinien BC, AC und AB, und stellt dann die Fläche des Dreiecks ABC den Totaldruck in O dar, so geben die respektiven Flächen der aus den Seiten dieses Dreiecks ABC gebildeten Dreiecke BOC, AOC, AOB die einzelnen Druckkräfte auf die den jedesmaligen Seiten gegenüberliegenden Winkelpunkte A, B, C.

Denn die Kraft N in O verhält sich zur Kraft p in A wie AJ zu OJ. Die Dreiecke BAC und BOC haben dieselbe Basis BC, ihre Flächen verhalten sich also wie ihre Höhen, oder wie die unter gleichem Winkel gegen die Grundlinien geneigten geraden Linien AJ und OJ, folglich ist

$$N : p = \triangle\, ABC : \triangle\, BOC.$$

Auf gleiche Weise ist:

$$N : q = \triangle\, ABC : \triangle\, AOC$$

und

$$N : r = \triangle\, ABC : \triangle\, AOB.$$

194. Stützt sich der Körper gegen die Ebene in mehr als drei Punkten (oder auch nur in drei Punkten, die in derselben Geraden liegen), so sind die einzelnen Druckkräfte auf die Punkte unbestimmt, weil man dann die Kraft N auf unzählige Weisen in Parallelkräfte zerlegen kann, die in diesen Punkten angreifen.

Die einzelnen Druckkräfte brauchen dann nur den beiden Bedingungen zu genügen: 1) müssen sie alle mit dem Totaldruck denselben Sinn haben; 2) müssen sie sich zu einer einzigen Kraft zusammensetzen lassen, die dem Totaldrucke gleich und in O angebracht ist. Die letztere Bedingung erfordert drei Gleichungen, von denen die erste angiebt, dass die Summe der Druckkräfte gleich ist dem Totaldruck, und von denen die beiden letzteren ausdrücken, dass die Summe der Momente der einzelnen Druckkräfte in Bezug auf zwei beliebige Axen in der Ebene der Stützpunkte gleich ist dem Moment des Totaldrucks in Bezug auf dieselben Axen (84—127).

195. Will man das Gleichgewicht eines Körpers betrachten, der sich zu gleicher Zeit gegen mehrere Ebenen lehnt, so erzeugt offenbar jede Ebene in den verschiedenen Berührungspunkten mit dem Körper Widerstandskräfte, die denselben Sinn haben, und senkrecht zu dieser Ebene sind, die sich also jedesmal in eine einzige zur Ebene senkrechte Kraft zusammensetzen lassen. Alle auf den Körper wirkenden Kräfte müssen also immer mit diesen verschiedenen Widerstandskräften, deren es jedesmal so viele geben wird, als Ebenen vorhanden sind, im Gleichgewicht sein. Die Kräfte, welche einen gegen mehrere Ebenen sich stützenden Körper im Gleichgewicht halten, müssen sich also stets auf so viele Kräfte reducieren lassen, als Ebenen vorhanden sind, und diese Kräfte müssen normal zu den respektiven Ebenen sein, und jede von ihnen muss in das Innere des von den Berührungspunkten gebildeten Polygons fallen.

196. Stützt sich also ein Körper nur gegen zwei Ebenen, z. B. in zwei Punkten, und wirkt nur eine einzige Kraft oder mehrere Kräfte, die eine einzige Resultante haben, auf ihn, so muss diese Kraft oder Resultante sich in zwei andere Kräfte zerlegen lassen, die normal zu den beiden Ebenen durch die Berührungspunkte sind. Die beiden Normalen müssen sich folglich in einem Punkte auf der Richtung der Druckkraft schneiden und in derselben Ebene mit ihr liegen. Ausserdem muss diese Kraft in den Winkelraum zwischen den beiden Normalen fallen, welcher dem der beiden Ebenen entgegengesetzt ist, und ihre Wirkung muss gegen diesen Winkel gerichtet sein, damit ihre beiden Componenten den Normalen nach, den Körper gegen die Ebenen, d. h. nach entgegengesetztem Sinne der Widerstandskräfte, den diese Ebenen erzeugen, stossen können.

197. Stützt sich der Körper in drei Punkten gegen drei verschiedene Ebenen, so muss die Druckkraft sich auf drei andere Kräfte reducieren lassen, welche die Richtung der nach den auf die Ebenen in den Berührungspunkten gezogenen Normalen haben.

Daraus folgt jedoch nicht, dass die drei Normalen in demselben Punkte auf der Richtung der Druckkraft zusammenlaufen, und nicht einmal, dass sich zwei der vier Richtungen der Kräfte in einem Punkte schneiden müssen; denn drei sich nicht schneidende Kräfte können eine einzige Resultante haben, und eine einzige Kraft kann nach drei Richtungen zerlegt werden, die weder sich selbst, noch auch die Richtung der Resultante schneiden (75).

Anwendung der Theorie auf einige Beispiele.

198. In dem, was wir soeben gesagt haben, ist die ganze Theorie des Gleichgewichts von Körpern enthalten, die sich gegen Ebenen lehnen. Wir wollen nun einige einfache Anwendungen davon machen.

Es stütze sich ein Körper von beliebiger Form in beliebig vielen Punkten, oder mit einer begrenzten Grundfläche, gegen eine starre Ebene LDK (Fig. 63), und es wirken zwei Kräfte P und Q auf ihn, die ihn auf dieser Ebene im Gleichgewicht erhalten. Nach (192) müssen die beiden Kräfte P und Q eine einzige, auf der Ebene normale Resultante N geben, ihre Richtungen müssen sich also irgendwo, z. B. in F, schneiden, und in einer zur Ebene LDK senkrechten Ebene liegen. Ferner muss die Richtung der Resultante die Ebene LDK in einem Punkte der Berührungsfläche des Körpers oder im Innern des von den Berührungspunkten gebildeten Polygons schneiden.

Wir wollen annehmen, dass alle diese Bedingungen erfüllt seien, und wollen das Verhältnis der beiden Kräfte P und Q, und des auf die Ebene ausgeübten Druckes N suchen.

Da die beiden Kräfte P und Q eine einzige, zur Ebene normale Resultante geben, so müssen sie sich umgekehrt verhalten wie die sinus der Winkel PFN und QFN, welche sie mit der aus F auf diese Ebene gefällten Normalen FN bilden, weil nach (36) die Componenten immer im umgekehrten Verhältnis der sinus der Winkel stehen, welche ihre Richtungen mit der Richtung der Resultante einschliessen; es ist also:

$$Q : P = \sin PFN : \sin QFN.$$

Für die Resultante N ist überdies

$$P : N = \sin QFN : \sin PFQ.$$

Jede der drei Kräfte P, Q, N wird also durch den sinus des von den Richtungen der beiden anderen Kräfte gebildeten Winkels dargestellt.

Alle Aufgaben über das Verhältnis der drei Kräfte P, Q, N und über ihre Richtungen kann man also auf die Auflösung eines Dreiecks zurückführen, dessen drei Seiten die Grössen der Kräfte P, Q, N, und dessen drei Winkel die gegenseitigen Neigungen ihrer Richtungen darstellen.

199. Stellt die Kraft P das Gewicht des Körpers selbst dar, so ist seine Richtung FP vertical und geht durch den Schwerpunkt des Körpers.

Zieht man die Horizontalebene LDH, welche die erste Ebene in LD schneidet, so ist die Ebene LDK, gegen welche sich der Körper lehnt, die sogenannte schiefe Ebene. Die Ebene der Kräfte P und Q ist einerseits senkrecht zur schiefen Ebene, weil sie durch die Normale FN geht, andererseits senkrecht zur Horizontalebene, weil sie durch die Verticale FP geht; sie schneidet also die beiden Ebenen in zwei geraden Linien AB und AC, welche beide senkrecht zu der gemeinsamen Durchschnittslinie LD sind und den Winkel der beiden Ebenen oder den Neigungswinkel der schiefen Ebene gegen den Horizont zwischen sich einschliessen.

Wir wollen die Horizontalebene einfach durch die Horizontallinie AC (Fig. 64), und die schiefe Ebene durch die gegen AC geneigte Linie AB darstellen. Von einem beliebigen Punkte B der Geraden AB fällen wir auf AC das Lot BC und bezeichnen in dem rechtwinkligen Dreiecke ABC dem Gebrauche gemäss die Hypothenuse AB mit dem Namen der Länge der schiefen Ebene, die Kathete BC mit Höhe und AC mit Basis derselben.

Da FP senkrecht auf AC steht, so ist Winkel PFN = Winkel BAC; aus der Proportion

$$Q : P = \sin PFN : \sin QFN$$

wird also

$$Q : P = \sin BAC : \sin QFN.$$

Ist die Kraft Q nur ihrer Grösse nach gegeben, so findet man aus dieser Proportion, in welcher nur sin QFN unbekannt ist, den Winkel QFN, unter dem sie wirken muss, wenn sie dem Gewicht P das Gleichgewicht halten soll. Da nun zu jedem sinus zwei Winkel, welche die Supplemente von einander sind, gehören, so kann auch die Kraft Q offenbar der Last P auf doppelte Weise das Gleichgewicht halten, indem sie entweder mit der Normale FN der schiefen Ebene den aus obiger Proportion sich ergebenden Winkel QFN oder den Winkel $Q'FN$ einschliesst, welcher das Supplement von QFN ist.

Aus derselben Proportion findet man auch die Grösse der Kraft Q, wenn ihre Richtung oder der Winkel QFN, den sie mit der Normale bildet, bekannt ist.

200. Soll die Kraft Q in Bezug auf die Last P den kleinsten Wert haben, so muss der sinus des Winkels QFN seinen grössten Wert haben, weil die Kraft stets im umgekehrten Verhältnis zum sinus dieses Winkels steht; der Winkel selbst muss also ein rechter sein. Dann ist also die Kraft senkrecht zur Normale FN oder parallel zur schiefen Ebene.

In diesem Falle ist der Winkel QFN gleich dem rechten Winkel ACB (Fig. 65), und die obige Proportion wird

$$Q : P = \sin BAC : \sin ACB.$$

Im Dreieck ABC sind aber die sinus der Winkel bei A und bei C den gegenüberliegenden Seiten BC und AB proportional, man hat also:

$$Q : P = BC : AB.$$

Daraus folgt also: Ist die Kraft parallel zur schiefen Ebene, so verhält sie sich zu dem Gewichte des von ihr im Gleichgewicht gehaltenen Körpers wie die Höhe der schiefen Ebene zur Länge derselben.

201. Ist also ein schwerer Körper auf einer schiefen Ebene sich selbst überlassen, so gleitet er von ihr nur mit seiner im Verhältnis der Höhe zur Länge der schiefen Ebene verminderten Gewichtskraft die Ebene herab. Das so verminderte Gewicht heisst das relative Gewicht des Körpers, in Bezug auf das absolute Gewicht desselben, wo er frei in der Verticalen niederfallen kann. Wird also das absolute Gewicht eines Körpers durch die Länge der schiefen Ebene dargestellt, so ist sein relatives Gewicht durch die Höhe dargestellt, oder wird das absolute Gewicht durch den sinus des rechten Winkels oder durch die Einheit dargestellt, so stellt der sinus des Neigungswinkels der schiefen Ebene sein relatives Gewicht dar. Ist dieser Neigungswinkel Null, oder die Ebene horizontal, so wird das relative Gewicht Null, der Körper ruht also auf der Ebene; ist der Neigungswinkel gleich dem dritten Teile eines rechten Winkels, so ist das relative Gewicht gleich der Hälfte des absoluten; und ist endlich der Neigungswinkel selbst ein Rechter, die Ebene also vertical, so ist das absolute Gewicht gleich dem relativen Gewicht.

Um im allgemeinen die relativen Gewichte auf verschiedenen schiefen Ebenen zu vergleichen, braucht man nur die sinus ihrer Neigungswinkel zu vergleichen.

Giebt man zwei verschieden geneigten Ebenen (Fig. 66) dieselbe Höhe BC, aber verschiedene Längen, so verhalten sich die relativen Gewichte umgekehrt wie diese Längen AB und BD, denn sie sind direct proportional dem sinus der Neigungswinkel bei A und bei D, und diese verhalten sich im Dreieck ABD wie die gegenüberstehenden Seiten BD und AB.

Hat man also auf den beiden schiefen Ebenen zwei schwere Körper M und N, welche durch ein über eine Rolle in B geschlagenes Seil dergestalt mit einander verbunden sind, dass die von der Rolle sich abzweigenden Teile des Seiles den respektiven Ebenen parallel sind, so können diese Körper nur dann im Gleichgewicht sein, wenn ihre Massen den Längen AB und BD der schiefen Ebenen, auf denen sie ruhen, proportional sind.

202. Ist die Kraft Q (Fig. 67) horizontal gerichtet, und also zur Basis AC der schiefen Ebene parallel, so ist der Winkel QFN dem Winkel ABC gleich, man hat also:

$$Q : P = \sin BAC : \sin ABC$$
$$Q : P = BC : AC,$$

d. h. Ist die Kraft horizontal, so verhält sie sich zur Last, welche sie auf der schiefen Ebene im Gleichgewicht halten soll, wie die Höhe der schiefen Ebene zur Basis derselben.

203. Hat die Kraft gegen die Last ihren grössten Wert, so ist der Winkel QFN Null. Die Kraft Q ist dann senkrecht zur schiefen Ebene und die Proportion

$$Q : P = \sin BAC : \sin QFN$$

giebt

$$Q = \frac{P \,.\, \sin BAC}{0} = \infty.$$

Streng genommen giebt es also kein Maximum der Kraft, und das Resultat zeigt nur, dass sie, so gross sie auch sein mag, doch nie den schweren Körper auf der schiefen Ebene am Hinabgleiten verhindern kann, wenn sie senkrecht zu dieser Ebene wirkt. In der Natur sehen wir freilich täglich das Gegenteil, allein hier haben auch die poliertesten Oberflächen eine Menge von Unebenheiten, die in einander greifen und den Körper am freien Fortgleiten hindern. Diese Eigenschaft der Körper und den daraus entspringenden Widerstand, den man Reibungskraft oder einfach Reibung nennt, haben wir in unserer Theorie nicht berücksichtigt.

204. Stützt sich ein schwerer Körper gegen mehrere schiefe Ebenen zugleich, so betrachtet man sein Gewicht als eine durch den Schwerpunkt des Körpers gehende Vertikalkraft, und findet dann die Bedingungen des Gleichgewichts nach dem, was in (195) gesagt ist, sowie die respektiven Druckkräfte auf die Berührungspunkte, sobald diese Druckkräfte bestimmt sind.

Im einfachsten Falle, wo der Körper in zwei Punkten J und O (Fig. 68) von zwei schiefen Ebenen HJ und HO getragen wird, müssen nach (196) die beiden Normalen JA und OA auf diesen Ebenen in einem Punkte A der Vertikalen GP zusammenlaufen, die durch den Schwerpunkt G des Körpers geht und die Richtung seines Gewichts angiebt. Da ferner das Gewicht P des Körpers in zwei andere Kräfte nach dieser Normalen zerlegbar sein muss, so müssen beide in derselben Ebene mit GP, also in derselben Vertikalebene liegen.

Diese Bedingungen reichen zum Gleichgewicht hin. Nimmt man auf der Richtung des Gewichts einen beliebigen Teil AD an, welcher die Grösse des Gewichts darstellt, und vervollständigt dann mit AD als Diagonale, nach den Richtungen AJ und AO das Parallelogramm $ABCD$, so ist die Kraft P in zwei andere Kräfte zerlegt, die durch die Seiten AB und AC des Parallelogramms dargestellt werden. Diese beiden Kräfte werden respektive von den beiden Ebenen vernichtet und sind zugleich die Werte der einzelnen Druckkräfte.

Die Ebene der beiden Normalen JA und OA ist zu gleicher Zeit senkrecht zu den beiden schiefen Ebenen, also senkrecht auf ihrem gemeinschaftlichen Durchschnitt. Diese Ebene ist aber auch zugleich vertikal, weil sie durch die Vertikale GP geht; der gemeinschaftliche Durchschnitt der beiden schiefen Ebenen muss also senkrecht auf einer Vertikalebene sein und ist mithin horizontal. Ein schwerer Körper kann also zwischen zwei schiefen Ebenen nicht im Gleichgewicht sein, wenn nicht ihre Durchschnittslinie horizontal ist; ein Satz, der an sich evident genug zu sein scheint.

Die Schraube.

205. Die Schraube ist eine Maschine, die sich auf den Hebel und die schiefe Ebene zugleich bezieht. Man betrachtet an ihr im Allgemeinen das Gleichgewicht eines Körpers, der eine doppelte Bewegung anzunehmen im Stande ist, indem er sich um eine feste Axe dreht und längs dieser Axe gleichförmig auf einer schiefen Ebene hinabgleitet.

Um jedoch die Einrichtung dieser Maschine besser erklären zu können, wollen wir zuvor einen geraden Cylinder $ABCD$ (Fig. 69) betrachten, den man auf eine Ebene abwickelt. Die abgewickelte Fläche ist ein Rechteck $BEMC$, dessen Grundlinie BE der Länge des Cylinderumfanges gleich ist und durch $2r\pi$ ausgedrückt werden kann, wenn r den Radius des Cylinders, und π das Verhältnis des Umfanges zum Durchmesser bezeichnet.

Man teile die Seite BC in lauter gleiche Teile BR, RQ, QP.... mache auf EM den Teil $EG = BR$, und ziehe die Parallelen BG, RH, QK.....

Wickelt man jetzt das Rechteck $BEMC$ wieder auf den Cylinder auf, so bilden die Geraden BG, RH, QK.... auf der Oberfläche des Cylinders eine continuierliche Curve, welche man Schraubenlinie nennt, die erste Gerade BG bildet einen Teil der Schraubenlinie, der in B anfängt, in R aufhört, wo die Gerade RH die Schraubenliuie fortsetzt etc. Jeder dieser Teile der Schraubenlinie, dessen beide Enden in derselben erzeugenden Geraden endigen, und der so einen ganzen Umgang um den Cylinder macht, heisst eine Schraubenwindung; der Zwischenraum zwischen zwei benachbarten Windungen, auf der Länge der erzeugenden Geraden gemessen, der zwischen allen Windungen sich gleich bleibt, heisst Ganghöhe der Schraube.

Da die Schraubenlinie bei der Abwickelung des Cylinders eine Reihenfolge von parallelen geraden Linien ist, so besitzt sie die charakteristische Eigenschaft, dass sie gegen die verschiedenen Erzeugenden, die sie auf der Oberfläche des Cylinders schneidet, gleich geneigt ist; ist also der Cylinder vertikal, so hat sie gegen den Horizont in allen ihren Punkten gleiche Neigung, und ein Punkt a, der auf der Schraubenlinie liegt, und der als auf der Tangente an diesen Punkt der Curve liegend betrachtet werden kann, verhält sich ganz so, als ruhte er in a' auf einer schiefen Ebene QHK, deren Basis $QH = 2r\pi$ und deren Höhe HK gleich der Ganghöhe ist, die wir einfach mit h bezeichnen wollen.

206. Nimmt man nun an; dass der Punkt a mit einer Vertikalkraft p gegen die Schraubenlinie gedrückt wird, und dass zugleich eine tangential auf den Cylinder wirkende Horizontalkraft f ihn am Hinabgleiten auf der Schraubenlinie hindert, so hat man nach (202):

$$f : p = HK : QH$$

oder

$$f : p = h : 2\,r\,\pi.$$

Man ziehe nun durch die eine Horizontallinie ao, welche die als fest angenommene Axe FJ des Cylinders in o schneidet, verlängere sie unbestimmt und betrachte sie als einen unbiegsamen, um den festen Punkt o beweglichen Hebel.

Anstatt nun unmittelbar im Punkte a eine Horizontalkraft f zum Zurückhalten des Punktes auf der Schraubenlinie anzubringen, kann man auch eine andere Parallelkraft q in irgend einem Punkte des Hebels bo anbringen, und diese Kraft q wird auf den Punkt a denselben Druck ausüben wie die Kraft f, wenn sie zu ihr im umgekehrten Verhältnis der Hebelarme bo und ao steht, d. h. (wenn $bo = R$ gesetzt und ao als Radius des Cylinders durch seinen Wert r bezeichnet wird), wenn man hätte

$$q : f = r : R.$$

Vorher aber war gefunden:

$$f : p = h : 2\,r\,\pi.$$

Man hat also, wenn man der Reihe nach multipliciert und hebt,

$$q : p = h : 2\,R\,\pi,$$

d. h. die Horizontalkraft q wird sich zur Vertikalkraft p, welche den Punkt a gegen die Schraubenlinie drückt, verhalten wie die Ganghöhe zu dem Umfange des Kreises, den die Kraft q um die Axe des Cylinders zu beschreiben strebt.

Zu bemerken ist hier, dass der Radius r des Cylinders oder der Abstand der Schraubenlinie von der Axe aus dieser Proportion verschwunden ist. Es wird also unter der Kraft q und der Last p stets dasselbe Verhältnis stattfinden, wie auch der Durchmesser des Cylinders, auf dem die Schraubenlinie beschrieben ist, beschaffen sein mag, wenn nur die Ganghöhe dieselbe bleibt.

Dabei darf man nicht aus dem Auge verlieren, dass wir nur deshalb einen vertikalen Cylinder gewählt haben, um die Gedanken bestimmter zu fixieren und uns kürzer ausdrücken zu können, dass aber das Gesagte von einer Vertikalkraft p und einer Horizontalkraft q auch dann gilt, wenn man allgemein eine zur Axe des Cylinders parallele Last und eine Kraft wählt, die in einer zur Axe senkrechten Ebene in dem Abstande R von der Axe wirkt.

207. Jetzt wird es nicht schwer sein die Definition und die Bedingungen des Gleichgewichts für die Schraube aufzustellen.

Die Schraube ist ein gerader Cylinder, der umwunden ist von einem hervorspringenden Faden, welcher durch die Ebene eines Dreiecks oder eines Parallelogramms oder irgend einer beliebigen Figur gebildet wird, die, mit ihrer Basis auf eine Erzeugende gestützt, um die Axe des Cylinders herumgeht, wobei sie längs einer auf dessen Oberfläche gezogenen Schraubenlinie niedersteigt. Alle Punkte des Schraubenfadens können demzufolge als Punkte von Schraubenlinien betrachtet werden, welche auf Cylindern von derselben Axe, aber von verschiedenen Radien beschrieben sind. Alle diese Schraubenlinien haben offenbar dieselbe Höhe, und diese ist die Ganghöhe der Schraube.

Auf dieselbe Weise entsteht auch die Schraubenmutter. Dazu wollen wir uns einen Körper von beliebiger Form von dem Cylinder durchbohrt denken; das Dreieck oder Parallelogramm, welches auf dem Cylinder den Schraubengang erzeugt, wird dann in diesem Körper einen Einschnitt oder eine Furche erzeugen, die dem Schraubengang völlig gleich ist, und die dieser genau ausfüllen muss. Dieses Stück kann man als die Form der Schraubenspindel ansehen; es heisst Schraubenmutter.

Ist nun eines von den beiden Stücken fest, so ist das andere offenbar dergestalt mit dem festen Stück verbunden, dass es sich nur um die Axe der Spindel drehen und zugleich an dem festen Stücke, wie auf einer schiefen Ebene niedergehen kann. Es giebt deshalb für die Kräfte, die sich an dem beweglichen Stück das Gleichgewicht halten sollen, besondere Beziehungen, die von seiner Verbindung mit dem festen Stück abhängen, und welche die Bedingungen des Gleichgewichts für die Schraube angeben. Gewöhnlich lässt man nur zwei Kräfte auf das bewegliche Stück wirken, eine P parallel zur Axe, welche dasselbe niedertreibt und um die Axe zu drehen bemüht ist, eine andere Q in einer zur Axe senkrechten Ebene, welche an einem Hebelarme dasselbe nach entgegengesetztem Sinne in die Höhe treibt. Um uns bestimmt ausdrücken zu können, wollen wir die Schraubenmutter (Fig. 70) als beweglich, und die Spindel als fest annehmen; das Verhältnis der Kraft P zur Last Q bleibt indessen ungeändert, wenn die Spindel beweglich, die Mutter aber fest ist.

Ruht die Mutter nur in einem einzigen Punkte auf dem Schraubengang und nennt man h die Ganghöhe, R den Hebelarm oder den Abstand der Kraft von der Axe, so ist nach Obigem

$$Q : P = h : 2 R \pi.$$

In wie vielen Punkten sich auch die Mutter gegen den Schraubengang lehnen mag, so kann man sich ihren Widerstand P immer in ebenso viele parallele Kräfte $p, p', p'', p'''\ldots.$ zerlegt denken, die in diesen verschiedenen Punkten drücken, und die Kraft Q in ebenso viele Kräfte $q, q', q'', q'''\ldots.$ teilen, von denen jede der entsprechenden Kraft von $p, p', p''\ldots.$ das Gleichgewicht hält, und man hat dann immer:

$$\begin{aligned} q &: p = h : 2R\pi \\ q' &: p' = h : 2R\pi \\ q'' &: p'' = h : 2R\pi \\ &\ldots\ldots\ldots\ldots \end{aligned}$$

folglich ist auch

$$(q + q' + q'' \cdots) : (p + p' + p'' + \cdots) = h : 2R\pi$$

oder

$$Q : P = h : 2R\pi.$$

Man hat also den Satz: **Zum Gleichgewicht der Schraube muss die Kraft, welche die Mutter zu drehen bemüht ist, sich zur Last, welche in der Richtung der Axe drückt, verhalten, wie die Ganghöhe zum Umfange des Kreises, den die Kraft zu beschreiben strebt.**

Die Kraft ist also zum Gleichgewichthalten der Last oder zum Zusammendrücken in der Richtung der Schraubenaxe um so mehr im Vorteile, in je grösserer Entfernung von der Axe sie wirkt und je kleiner die Ganghöhe der Schraube ist.

Der Keil.

208. Der **Keil** ist ein dreiseitiges Prisma AF (Fig. 72), welches man mit einer seiner Kanten EF zwischen zwei Widerstand leistende Körper schiebt, damit es seitwärts auf sie wirken und sie auseinander zu treiben suche.

Die Kante EF, womit der Keil eindringt, heisst **Schneide**, die beiden an ihr liegenden Seitenflächen $ADFE$ und $BCFE$ heissen **Seiten**, und die ihr gegenüberliegende Seitenfläche $ABCD$ **Kopf** des Keils.

Auf den Kopf des Keils übt man einen Stoss aus mittelst eines Hammers oder eines beliebigen anderen Körpers. Wie auch die Richtung dieses Stosses beschaffen sein mag, so kann man sich ihre Wirkung sofort in zwei andere Kräfte zerlegt denken, von denen die eine senkrecht auf den Kopf des Keiles, die andere parallel zu diesem ist. Die erste behält ihre ganze Wirkung auf den Keil, die zweite wirkt nicht auf ihn, sondern strebt nur den Hammer auf dem Kopfe des Keils fortzuschieben.

Wir nehmen deshalb an, die Kraft wirke ursprünglich senkrecht auf den Kopf des Keiles, und bestimmen daraus einfach die Wirkungen, welche die beiden Hindernisse davon senkrecht auf die Seiten des Keils zu erleiden haben.

Man lege durch die Richtung der Kraft P (Fig. 73) senkrecht auf die Kanten des Keils eine Schnittfläche MNO, so stellt die Gerade MN den Kopf, und die Geraden MO und NO die beiden Seiten des Keils dar. Von einem auf der Richtung der Kraft angenommenen Punkte A ziehe man zwei Lote AB und AC auf die Seiten MO und NO und vervollständige aus dem die Kraft P der Grösse und Richtung nach darstellenden Stücke AD als Diagonale das Parallelogramm $ABCD$.

Die durch AD dargestellte Kraft P ist auf diese Weise in zwei andere Kräfte Q und R zerlegt, welche durch AB und AC dargestellt werden und die die senkrecht zu den Seiten MO und NO ausgeübten Wirkungen angeben.

Man hat also

$$P : Q : R = AD : AB : AC$$

oder wenn man BD statt AC setzt:

$$P : Q : R = AD : AB : BD.$$

Die drei Kräfte verhalten sich wie die drei Seiten des Dreiecks ABD. Da dieses Dreieck nun dem Dreieck MNO ähnlich ist, weil die drei Seiten AD, AB, DD respektive senkrecht zu den Seiten MN, MO, NO sind, so hat man

$$P : Q : R = MN : MO : NO,$$

D. h. Wird die Kraft durch die Länge des Keilkopfes dargestellt, so geben die Seiten des Keils die Kräfte, die aus ihr auf diese Seiten resultieren. Ist das Dreieck MNO gleichschenklig, so sind die beiden Kräfte Q und R gleich, und die Kraft P verhält sich zu jeder von ihnen, wie der Kopf des Keils zu einer der Seiten, die man hier Länge des Keils nennen kann.

Daraus geht hervor, dass bei gleichen Kräften die Wirkung des Keils um so grösser ist, je kleiner der Kopf im Verhältnis zur Länge des Keils ist.

Von einigen zusammengesetzten Maschinen.

209. Bisher haben wir immer nur einen einzelnen festen Körper betrachtet, der in seinen Bewegungen verschiedenen Hindernissen unterworfen ist und die veschiedenen einfachen Maschinen bildet. Wir wollen nun eine Vereinigung mehrerer einfacher Maschinen betrachten, die mittelst ihrer gegenseitigen Verbindung auf einander zurückwirken, und die man zusammengesetzte Maschinen nennt.

Nimmt man an, dafs auf eine zusammengesetzte Maschine nur zwei Kräfte wirken, so ist klar, dass die einfache Maschine, auf welche unmittelbar die eine der Kräfte wirkt, diese Wirkung nach den Gesetzen des Gleichgewichts der zweiten einfachen Maschine, womit sie verbunden ist, mitteilt; diese wieder überträgt sie auf die dritte Maschine etc. bis zur letzten, welche sie der zweiten Kraft oder Last, die sie zu überwinden hat, mitteilt. Auf diese Weise lässt sich dann immer das Verhältnis der Kraft zur Last durch eine Reihe von Verhältnissen, die sich aus den Gesetzen des Gleichgewichts der Zwischenmaschinen ergeben, leicht bestimmen, wie wir nunmehr an einigen sehr einfachen Beispielen zeigen wollen.

Wir müssen jedoch darauf aufmerksam machen, dass die folgenden Aufgaben in natürlicher Verbindung mit dem allgemeinsten Probleme der Statik stehen, nämlich einen Teil der ausgedehnten Theorie bilden, in welcher man die Gesetze des Gleichgewichts für Systeme sucht, deren Figur nach bestimmten gegebenen Bedingungen veränderlich ist. Die beiden dieser Theorie zur Basis dienenden Grundsätze sind die folgenden:

1) Ist ein beliebiges System im Gleichgewicht, so mufs jeder Punkt für sich im Gleichgewicht sein, vermöge der auf ihn unmittelbar wirkenden Kräfte und vermöge der Widerstände und Gegenwirkungen, die er von den anderen Punkten des Systems erleidet.

2) Zwei Punkte können auf einander nur in der geraden Linie wirken, welche sie verbindet, und die Wirkung ist der Gegenwirkung immer gleich und entgegengesetzt.

Mit diesen beiden Grundsätzen und mit den bekannten Bedingungen des Gleichgewichts kann man die Bedingungen des Gleichgewichts eines beliebigen Systems von Körpern aufstellen, wenn man nur die aus ihrer gegenseitigen Verbindung entspringenden Widerstände zu bestimmen weiss; denn sind diese bestimmt, so braucht man sie nur mit den durch die Aufgabe unmittelbar gegebenen Kräften zu verbinden, und die Bedingungen des Gleichgewichts für jeden Körper sind dann dieselben, als wenn er völlig frei im Raume wäre.

Obgleich wir hier, ohne die Grenzen dieses Werkes zu überschreiten, den Gegenstand nicht in seiner ganzen Allgemeinheit behandeln können, so wollen wir doch die Bedingungen des Gleichgewichts für einige häufig in den Kräften angewendete veränderliche Systeme aufstellen, die man gewöhnlich in den Elementen der Statik betrachtet, weil bei ihnen die Gegenwirkungen der einzelnen Körper aufeinander sehr leicht zu bestimmen sind, und nur die Kenntnis von der Zusammensetzung der Kräfte nebst den beiden eben aufgestellten Grundsätzen erfordern.

Die Seile.

210. Wir wollen zuerst ein Seilpolygon, d. h. eine Vereinigung von Punkten, die durch vollkommen biegsame und undehnbare Seile verbunden sind, betrachten.

Wir wissen, dass wenn drei Kräfte P, Q, R (Fig. 74) auf einen Punkt A in den Axen dreier Seile AP, AQ, AR wirken, im Gleichgewicht sind, jede der drei Kräfte der Resultante der beiden anderen gleich und entgegengesetzt sein muss.

1) Es müssen also 1) die Axen der drei Seile in derselben Ebene liegen, und 2) müssen die Kräfte sich so zu einander verhalten, dass jede durch den sinus des Winkels dargestellt werden kann, den die Richtungen der beiden anderen Kräfte mit einander bilden. Zum Gleichgewicht muss also sein:

$$P : Q : R = \sin QAR : \sin PAR : \sin PAQ.$$

211. Sind die Endpunkte der Seite AQ und AR fest, so drücken die Werte von Q und R aus der eben aufgestellten Proportion die Wirkungen, welche diese festen Punkte von der Kraft P erfahren, oder die Zugkräfte der Seile AQ und AR aus.

Diese Zugkräfte werden also um so grösser, je stumpfer der Winkel QAR ist, und unendlich gross, wenn QAR gleich zwei Rechten wird.

Ein in gerader Linie ausgespanntes, in zwei Punkten befestigtes Seil muss also von der kleinsten transversal auf dasselbe wirkenden Kraft zerrissen werden, falls es sich nicht ausdehnen kann, oder seiner Länge nach einen unbegrenzten Widerstand leistet.

212. Die vorher für das Gleichgewicht der drei Kräfte P, Q, R aufgestellten Bedingungen setzen voraus, dass der Punkt A an jedem der Seile unveränderlich fest sei, oder dass der die Seile verbindende Knoten fest sei. Kann sich aber der Punkt A auf dem Seile RAQ (Fig. 75) verschieben, z. B. an einem auf das Seil gesteckten unendlich kleinen Ringe, so reichen die vorigen Bedingungen nicht mehr aus, sondern es muss nun noch überdies die Richtung der Kraft P den von den beiden Teilen des Seils gebildeten Winkel QAR halbieren.

Nimmt man an, dafs Gleichgewicht besteht, und befestigt man unabänderlich zwei beliebige Punkte F und F' auf den Seilen, so ist der Punkt A offenbar in demselben Falle als könnte er sich frei in einer Ellipse, deren Brennpunkte F und F', und deren Radienvectoren AF und AF' sind, frei bewegen. Damit also der Punkt A durch die Kraft P auf dieser Kurve im Gleichgewicht sei, muss die Kraft auf der Tangente an diesen Punkt der Ellipse senkrecht sein (190) und folglich den von den Radienvectoren gebildeten Winkel FAF' halbieren.

Bei einem beweglichen Knoten müssen auf diese Weise die beiden Teile des Seils, auf denen der Knoten verschiebbar ist, gleich stark gespannt sein.

213. Zugleich sieht man, dass, wenn der Punkt A, oder der Ring fest ist, die beiden an dem durch den Ring gehenden Seile QAR wirkenden Kräfte Q und R im Zustande des Gleichgewichts sein müssen, und dass der von den beiden Kräften ausgeübte Druck nach einer Richtung gehen muss, welche den von den beiden Teilen des Seiles gebildeten Winkel halbiert.

Zur Bestimmung des Verhältnisses des Druckes P zum Zuge des Seiles Q hat man, wenn α der halbe Winkel QAR ist.

$$P : Q = \sin 2\alpha : \sin \alpha$$

oder

$$P : Q = 2 \cos \alpha : 1.$$

Der auf den Punkt A ausgeübte Druck ist also gleich dem Produkt aus der Zugkraft des Seiles in den doppelten cosinus des halben Winkels QAR.

214. Wir wollen nun mehrere Punkte A, B, C, D (Fig. 76.) betrachten, die durch Seile AB, BC, CD mit einunder verbunden sind und auf die Kräfte N, P, Q, R, S, T mittelst anderer Seile, jedoch dergestalt wirken, dass jeder Knotenpunkt A, B, C, D der Vereinigungspunkt von nur drei Kräften ist.

Ist das ganze System im Gleichgewicht, so muss jeder Punkt für sich im Gleichgewicht sein, vermöge der auf ihn wirkenden Kräfte und der Zugkräfte der benachbarten Seile. Der Punkt A z. B. der unmittelbar nur mit dem Punkte B verbunden ist, muss durch die Kräfte N und P und durch die Zugkraft des Seiles AB im Gleichgewicht sein, denn die anderen Punkte C und D können nur vermöge des Seils AB auf ihn wirken.

Die drei Seile AN, AP, AB müssen also in derselben Ebene liegen; ist nun X die Spannkraft des Seiles AB so muss

$$N : P = \sin PAB : \sin NAB$$
$$P : X = \sin NAB : \sin NAP$$

sein.

Auf gleiche Weise muss der Punkt B von der Kraft Q und den Spannkräften der Seile BA und BC im Gleichgewicht gehalten werden. Die Spannkraft des Seiles AB ist beständig dieselbe, denn die Wirkung des Punktes A auf den Punkt B ist der Wirkung des Punktes B auf den Punkt A völlig gleich und entgegengesetzt. Wir haben diese Spannkraft mit X bezeichnet, und es sei Y die Spannkraft des Seiles BC, so hat man

$$X : Q = \sin QBC : \sin ABC$$
$$Q : Y = \sin ABC : \sin QBA$$

Auf dieselbe Weise wird man für den Punkt C erhalten

$$Y : R = \sin RCD : \sin BCD$$
$$R : Z = \sin BCD : \sin BCR.$$

Ebenso wird man für den Punkt D zwei Proportionen finden, und so fort für alle etwa noch folgenden Punkte.

Multipliciert man der Reihe nach eine entsprechende Anzahl dieser Proportionen mit einander, so findet man das Verhältnis von einer dieser Kräfte zu irgend einer anderen Kraft oder die Spannung; multipliciert man z. B. die drei ersteren, so hat man das Verhältnis von $N : Q$; multipliciert man die vier ersteren, so erhält man das Verhältnis von N zu der Spannkraft Y etc.

215. Halbieren die verlängerten Richtungen der Kräfte P, Q, R, S die respektiven Winkel NAB, ABC, BCD, CDT des Seilpolygons, so werden die Seile AN, AB, BC, CT, DT gleich stark gespannt sein, weil man dann aus den obigen Proportionen findet

$$N = X;\ X = Y;\ Y = Z;\ Z = T.$$

Sind ferner 2α, 2β, 2γ, 2δ die Winkel des Polygons, so folgt aus denselben Proportionen

$$P : Q : R : S = \cos\alpha : \cos\beta : \cos\gamma : \cos\delta,$$

d. h. die an den Winkelpunkten des Polygons einwirkenden Kräfte sind dem cosinus dieser halben Winkel proportional.

Substituiert man mithin für die Kräfte P, Q, R, S die festen Punkte A, B, C, D, über welche das Seil $NABCDT$ geht, so werden erstens die beiden an den Enden des Seiles ziehenden Kräfte N und T unter sich gleich sein, und das Seil wird überall gleichmässig gespannt sein. Zweitens wird das Seil auf jeden Punkt im Verhältnis des cosinus der Hälfte des in diesem Punkte vom Seile gebildeten Winkels drücken, weil jeder der festen Punkte A, B, C, D die Stelle einer Kraft vertritt, deren Richtung den von diesen beiden Seilteilen gebildeten Winkel halbiert (213).

216. Nehmen wir an, dass die beiden an einander anstossenden Seiten AB und BC gleich seien, so ist der cosinus der Hälfte des zwischen ihnen enthaltenen Winkels durch das Verhältnis einer der Seiten zum Durchmesser des durch die drei Punkte A, B, C gehenden Kreises ausgedrückt. Sind alle Seiten eines Seilpolygons gleich, so werden sich die Kräfte P, Q, R, S umgekehrt zu einander verhalten wie die Durchmesser der verschiedenen Kreise, von denen jeder durch die drei benachbarten Winkelpunkte des Polygons geht.

Betrachtet man also eine Curve als ein Polygon von unendlich vielen und unendlich kleinen gleichen Seiten, so wird jeder der Kreise ein Krümmungskreis an einem Punkte der Curve sein, d. h. ein Kreis der in diesem Punkte dieselbe Krümmung hat.

Eine in sich selbst zurückkehrende oder an den beiden Enden befestigte Seilcurve, bei der in den äquidistanten Punkten unendlich viele Normalkräfte angreifen und sich im Gleichgewicht halten, ist folglich durchaus gleichförmig gespannt, und jede zur Curve normale Kraft steht im umgekehrten Verhältnis zum Krümmungsradius in dem Punkte, wo diese Kraft angebracht ist.

Ein einfaches Beispiel für dieses Gleichgewicht giebt ein Faden, der von zwei Kräften auf den Umfang einer beliebigen festen Curve gespannt wird, weil hier jeder Punkt der festen Curve die Stelle einer Kraft vertritt, deren Richtung in die Normale der Curve fällt. Ist der Faden also im Gleichgewicht, so ist die Spannung überall dieselbe, und jeder Punkt der festen Curve erleidet einen Druck nach der Normale im umgekehrten Verhältnis zum Krümmungshalbmesser.

217. Ist das Seilpolygon $NABCDT$ durch die Kräfte N, P, Q, R, S, T im Gleichgewicht, und denkt man sich nun seine Figur fest, also völlig unveränderlich; so dass die Punkte A, B, C, D ihre gegenseitigen Abstände nicht mehr ändern können, so wird offenbar das Gleichgewicht immer bestehen; weil aber jetzt die Kräfte N, P, Q, R, S, T an einem Systeme von unveränderlicher Form im Gleichgewicht sind, so ist jede dieser Kräfte der Resultante aller übrigen gleich und entgegengesetzt, es haben also diese übrigen Kräfte eine Resultante. Da nun aber diese Resultante ganz dieselbe ist, als wenn sich alle Componenten in irgend einem Punkte ihrer Richtung parallel zu sich selbst vereinigt hätten, so folgt daraus: Jedes Seil wird von der auf dasselbe wirkenden Kraft so gespannt, als es von der Resultante aller übrigen Kräfte gespannt sein würde, die man parallel zu sich selbst auf dasselbe transponiert hätte.

218. Liegen die beiden äussersten Seile AN und DT in derselben Ebene, so haben die Kräfte N und T eine Resultante, und diese muss nach dem soeben Gesagten der Resultante V aller übrigen Kräfte P, Q, R, S gleich und entgegengesetzt sein, gerade so als wäre das Polygon von unveränderlicher Gestalt. Die in den Winkelpunkten des Polygons angebrachten Kräfte P, Q, R, S müssen also eine Resultante haben, die durch den Schnittpunkt O der beiden verlängerten äussersten Seile geht. Sind also die Enden N und T dieser Seile fest, so erhält man sofort die Wirkungen auf diese beiden festen Punkte oder die Spannkräfte der Seile AN, DT, wenn man im Punkte O die Resultante V in zwei Kräfte N und T nach den Richtungen dieser Seile zerlegt.

Ebenso findet man die Spannkräfte von zwei beliebigen in derselben

Ebene liegenden Seilen, wenn man die Resultante aus den auf die Zwischenknoten wirkenden Kräften nach den Richtungen dieser beiden Seile in dem Punkte, wo sie einander schneiden zerlegt, weil, wenn das Seilpolygon im Gleichgewicht ist, auch jeder beliebige Teil desselben für sich im Gleichgewicht sein muss, vermöge der auf diesen Teil wirkenden Kräfte und der Spannkräfte seiner beiden äussersten Seile.

219. Haben alle Kräfte P, Q, R, S parallele Richtungen (Fig. 77), so gelten für die Kräfte und Spannungen der Seile dieselben Proportionen wie vorher (214); es bedarf aber jetzt zum Gleichgewicht noch einer Bedingung mehr, es müssen nämlich alle Kräfte P, Q, R, S und alle Polygonseiten in derselben Ebene liegen, weil um jeden Knoten die Seile in derselben Ebene liegen müssen (210). Wenn aber das Seil BQ parallel zu AP ist, so ist die Ebene PAB der drei ersten Seile zugleich die Ebene ABQ der drei folgenden Seile, etc.

Unter dieser Voraussetzung paralleler Kräfte hat man

$$\sin PAB = \sin QBA : \sin QBC = \sin RCB \ldots$$

Die Proportionen (214) zeigen also, dass die allmähligen Spannungen N, X, Y, Z, T im umgekehrten Verhältnis zu den sinus der Neigungswinkel der Seiten mit der Richtung der Parallelkräfte P, Q, R, S stehen, und dass auf diese Weise jede Spannkraft durch die Sekante ihres Neigungswinkels zu einem Lot auf diese Kräfte dargestellt wird.

Man könnte diesen Satz auch, wie in (218), aus der unmittelbaren Vergleichung der Spannungen zweier beliebigen Seiten herleiten, die hier immer in derselben Ebene liegen müssen.

Um jedoch bequemere und einfachere Ausdrücke zu erhalten, sollen alle Kräfte auf das Polygon vertical wirken, und eine von den Seiten des Polygons horizontal sein.

Will man nun die Spannung t einer beliebigen Seite mit der Spannung a der horizontalen Seite, von der man ausgeht, vergleichen, so denke man sich diese beiden Seiten verlängert, bis sie sich schneiden, und in diesem Punkte eine Verticalkraft V angebracht, welche gleich ist der Summe der auf die Zwischenknoten wirkenden Kräfte, und die beiden Spannkräfte a und t im Gleichgewicht hält.

Nennt man dann φ den Neigungswinkel der Spannkraft t gegen die Horizontale a, so ist

$$t : a = 1 : \cos \varphi$$

oder

$$t = a \,.\, \sec \varphi,$$

d. h.: Beim Gleichgewicht eines Seilpolygons, auf welches Verticalkräfte wirken, ist die Spannung jeder Seite der Secante des

Neigungswinkels dieser Seite gegen die Horizontalebene proportional.

Ferner hat man

$$t : V = 1 : \sin\varphi,$$

in welcher Proportion die Spannung einer beliebigen Seite durch den Neigungswinkel dieser Seite gegen die Horizontalseite und durch die Summe der Parallelkräfte zwischen diesen beiden Seiten ausgedrückt ist.

Als eine Folge aus diesen beiden Proportionen erhält man endlich

$$V : a = \sin\varphi : \cos\varphi$$

oder

$$V = a \operatorname{tg}\varphi,$$

woraus sich folgender Satz in Bezug auf die Figur ergiebt, die das Polygon durch die auf dasselbe wirkenden Kräfte annimmt:

Die Tangente des Neigungswinkels jeder Seite gegen den Horizont ist der Summe der am Umfange des Polygons wirkenden Kräfte, von der tiefsten Seite an bis zu der betrachteten, proportional.

Die Kettenlinie.

220. Ein schweres Seil kann als ein Faden betrachtet werden, der seiner ganzen Länge nach mit unendlich vielen kleinen Gewichten belastet ist, oder als ein Faden, der in allen seinen Punkten kleine Verticalkräfte, mithin Parallelkräfte hat. Wird also dieses Seil in zwei festen Punkten S und T (Fig. 78) gehalten, so kann es nicht im Gleichgewicht bleiben, wenn es nicht gänzlich in einer Verticalebene liegt. Es bildet dann ein Seilpolygon von unendlich vielen Seiten, oder vielmehr eine continuirliche Curve, welche Kettenlinie heisst.

Um die Wirkungen zu finden, welche das Seil auf die beiden es festhaltenden Punkte S und T ausübt, ziehe man in diesen Punkten zwei Tangenten SO und TO an die Curve, welche gleichsam die Verlängerungen der äussersten Seiten des Seilpolygons sind, bringe dann in O eine Kraft gleich der Resultante aller auf das Seil wirkenden Kräfte, also gleich dem Totalgewichte des Seiles, an, und zerlege sie nach den Richtungen der Tangenten OS und OT in zwei andere Kräfte, so geben diese die respektiven Belastungen der beiden Aufhängepunkte (218).

Ebenso findet man die Spannung des Seils an einem beliebigen Punkte, wenn man sich diesen fest denkt und die Belastung auf ihn von dem Teile des Seiles, das unter ihm im Gleichgewicht ist, bestimmt.

Ist t die Spannkraft in einem beliebigen Punkte M des Seiles, a die Spannkraft im tiefsten Punkte B, V das Gewicht des Curvenbogens s

zwischen diesen Punkten, und φ der Winkel den die Tangente an den obersten Punkt des Bogens s mit dem Horizonte bildet, so hat man unter diesen vier Grössen dieselben Gleichungen wie in (219).

Aus der ersten dieser Gleichungen $t = a \sec \varphi$ folgt also, dass für ein im Gleichgewicht befindliches schweres Seil die Spannkraft in jedem Punkte wie die Secante des Neigungswinkels der Curve gegen den Horizont variiert.

Aus der zweiten Gleichung $V = t \sin \varphi$ geht hervor, dass die Spannkraft im Endpunkte eines beliebigen Bogens des Seiles gleich ist dem Gewichte dieses Bogens dividiert durch den sinus des Neigungswinkels des Seiles in diesem Punkte gegen den Horizont.

Man muss noch beachten, dass diese Gleichungen immer stattfinden wie ungleichförmig auch das schwere Seil, welches man betrachtet, sein mag.

Ist das Seil gleichförmig, so lässt sich das Gewicht V des Bogens s durch die Länge dieses Bogens selbst ausdrücken, und die dritte jener Gleichungen wird dann $s = a\, tg\, \varphi$, womit man eine einfache Gleichung der Kettenlinie zwischen den Coordinaten s und φ hat.

Die Kettenlinie ist also eine Curve, bei der die Tangente ihres Neigungswinkels gegen eine horizontale Axe im geraden Verhältnis mit der Länge des Curvenbogens, vom tiefsten Punkte an gerechnet, wächst.

Die Curve hat also rechts und links von der durch den Anfangspunkt B gehenden Vertikalaxe zwei völlig gleiche Arme, die sich wie die Arme der Parabel ins Unendliche erstrecken.

Man sieht leicht, dass der Krümmungsradius R hier ausgedrückt wird durch

$$R = \frac{a}{\cos^2 \varphi}$$

und dass er folglich umgekehrt proportional dem Quadrate des Neigungswinkels der Curve gegen ihre Horizontalaxe ist.

Denn betrachtet man eine Curve als ein Polygon von unendlich vielen gleichen Seiten c, so hat man für den Radius R des Kreises der über zwei aufeinanderfolgenden Seiten als Sehnen beschrieben ist

$$R = \frac{c}{2 \sin \varepsilon}$$

wo 2ε der äussere Winkel des Polygons ist (216).

Da nun φ die Neigung der ersten Seite und folglich $(\varphi + 2\varepsilon)$ derjenige der zweiten Seite ist, so hat man hier aus den beiden Gleichungen

$$s = a \operatorname{tg} \varphi \text{ und } (s + c) = a \operatorname{tg} (\varphi + 2\varepsilon)$$

die Gleichung

$$c = a\left\{\operatorname{tg}(\varphi + 2\,\varepsilon) - \operatorname{tg}\varphi\right\}$$

welche sich auf

$$c = a \,.\, \frac{2 \sin 2 \cos \varepsilon}{\cos \varphi \,.\, \cos(\varphi + 2\,\varepsilon)}$$

reducieren lässt.

Man hat also:

$$R = \frac{c}{2 \sin \varepsilon} = a \,.\, \frac{\cos \varepsilon}{\cos \varphi \,.\, \cos(\varphi + 2\,\varepsilon)}.$$

Setzt man $2\varepsilon = 0$ um von dem Polygon zur Kurve selbst überzugehen, so hat man

$$R = \frac{a}{\cos^2 \varphi}.$$

221. Was hier von einem schweren Seile oder von einem System kleiner schwerer Körper, die durch einen unausdehnbaren Faden verbunden sind, gesagt ist, lässt sich auch auf mehrere kleine Kugeln anwenden, die sich gegen einander lehnen und gewölbeartig neben einander erhalten. Sie müssen dann die Figur einer umgekehrten Kettenlinie annehmen; denn sind alle diese wechselseitig für einander undurchdringlichen Kugeln vermöge ihres Gewichts oder auf sie wirkenden Vertikalkräfte im Gleichgewicht, so müssen sie auch im Gleichgewicht bleiben, wenn diese Kräfte alle nach entgegengesetztem Sinne zu wirken anfangen, und man die Kugeln zwei und zwei durch einen undehnbaren Faden verbindet; dann muss aber der Faden eine umgekehrte Kettenlinie bilden, die Kugeln müssen also auch im ersten Falle diese Figur bilden.

Dieselbe Figur nimmt auch ein vom Winde aufgeblähtes Segel an; denn betrachtet man bei diesem Segel irgend einen Horizontalschnitt s, den man als ein Polygon von unendlich vielen gleichen Seiten ansieht, so ist klar, dass die Zahl der Luftmoleküle, welche eine dieser Seiten treffen, nicht der Länge c dieser Seite sondern ihrer Projection $c \cos \varphi$ auf eine zur Windrichtung senkrechte Gerade proportional ist. Die Kraft, welche auf jedes Element der Curve s wirkt ist also proportional dem cosinus ihres Neigungswinkels φ gegen die genannte Senkrechte. Allein diese Kraft wirkt nicht völlig auf das Segel, denn wenn sie die Seite c trifft zerlegt sich die Geschwindigkeit v jedes Luft-Molekül in zwei, von denen die eine $v \sin \varphi$ parallel zu c ist und die das Molekül nur über das Segel gleiten lässt ohne irgend eine Wirkung hervorzubringen; die andere $v \,.\, \cos \varphi$ steht senkrecht auf der Seite c und trägt allein zur Spannung des Segels bei. Die normale Kraft, welche auf jedes Element der Curve s drückt ist also proportional mit $\cos^2 \varphi$.

Wird aber eine Curve durch normale Kräfte, welche in gleichweit von einander gelegenen Punkten angreifen im Gleichgewicht gehalten, so ist jede von ihnen reciprok zu dem Krümmungsradius in dem Punkte, wo diese Kraft angebracht ist (216), und umgekehrt ist dieser Radius reciprok zur Kraft. Die Kraft ist aber hier proportional mit $\cos^2\varphi$; es ist also irgend ein Horizontalschnitt durch ein vom Winde aufgeblähtes Segel so beschaffen, dass der Krümmungsradius umgekehrt proportional dem Quadrat des cosinus des Neigungswinkels der Curve gegen eine zur Windrichtung senkrechte Gerade ist; der Schnitt ist also eine Kettenlinie, deren Axe die Windrichtung ist (220).

Der Flaschenzug.

222. Wir wollen jetzt ein System beweglicher Rollen A, A', A'' (Fig. 79) betrachten. Die erste, A, trägt an ihrer Zwinge ein Gewicht P, und um sie ist ein Seil geschlagen, dessen eines Ende in F fest, und dessen zweites Ende an der Zwinge der zweiten Rolle A' befestigt ist. Um diese zweite Rolle ist wieder ein Seil geschlagen mit einem in F' befestigten Ende und das zweite Ende ist an die Zwinge der dritten Rolle A'' gebunden, und so fort, bis zur letzten Rolle, um welche ein Seil geschlagen ist, das mit dem einen Ende in F'' fest ist, und am andern Ende von einer Kraft Q gezogen wird.

Ist das ganze System im Gleichgewicht, so ist jede Rolle vermöge der auf sie wirkenden Kräfte oder Spannungen für sich im Gleichgewicht.

Sind r, r', r'' die respektiven Radien der Rollen, c, c', c'' die Sehnen der von den Seilen umschlungenen Bogen, X die Spannung des ersten Seils, Y die des zweiten, so hat man für das Gleichgewicht der Rolle A (185)

$$X : P = r : c.$$

Ebenso für die Rolle A'

$$Y : X = r' : c',$$

für die Rolle A''

$$Q : Y = r'' : c''.$$

Multipliciert man der Reihe nach, so wird

$$Q : P = r\,r'\,r'' : c\,c'\,c'',$$

d. h. die Kraft verhält sich zur Last, wie das Produkt aus den Radien der Rollen zu dem Produkte aus den Sehnen der von den Seilen umschlungenen Bogen.

223. Sind alle Seile parallel (Fig. 80), so werden die Sehnen gleich den Durchmessern $2r$, $2r'$, $2r''$, und man erhält, wenn man die beiden letzten Glieder durch das Produkt $r\,r'\,r''$ dividiert

$$Q : P = 1 : 2^3.$$

Man hat also den Satz: Die Kraft verhält sich allgemein zur Last, wie die Einheit zu einer Potenz der Zahl 2, deren Exponent die Anzahl der Rollen ist.

Es ist dieses der günstigste Fall für die Kraft, weil hier das Produkt der Sehnen c, c', c'' am grössten ist, da sie gleich den Durchmessern sind.

Wäre bei jeder Rolle der vom Seile umschlungene Bogen dem sechsten Teile des Umfanges gleich, so wären die Sehnen dieser Bogen gleich den Radien der respektiven Rollen, die Kraft also gleich der Last.

224. Ein Flaschenzug ist ein System von Rollen, die in einer einzigen Zwinge entweder auf besonderen Axen (Fig. 81, 82) oder auf derselben Axe (Fig. 83) mit einander verbunden sind.

Es seien von zwei solchen Flaschenzügen der eine fest, der andere beweglich. An dem Ende der einen Zwinge sei ein Seil befestigt, und dieses gehe von hier aus um alle einzelnen Rollen, bis es mit dem andern Ende von der letzten Rolle abtritt, wo eine Kraft Q in ihm wirken mag, die ein am beweglichen Flaschenzuge aufgehängtes Gewicht im Gleichgewicht erhält.

Nimmt man an, wie dies gewöhnlich ohne merklichen Fehler geschehen kann, dass alle Teile des Seiles parallel sind, so verhält sich offenbar die Kraft Q zur Last P wie die Einheit zur Anzahl der den beweglichen Flaschenzug tragenden Seile; denn da alle Rollen von einem und demselben Seile umschlungen sind, und jede für sich im Gleichgewicht sein muss, so sind alle Teile des Seiles gleich stark gespannt. Man kann sich also das Gewicht P als von ebenso vielen gleichen und parallelen Kräften getragen denken, als es Seile giebt, die von einem Flaschenzuge zum andern gehen, und folglich verhält sich dann die Spannung von jedem einzelnen dieser Seile oder die Kraft Q zum Gewichte P, wie die Einheit zur Anzahl dieser Seile.

Im Falle der Fig. 81 ist daher die Kraft der sechste Teil der Last, im Falle Fig. 82 ist sie nur der fünfte Teil der Last, weil hier ein Seil weniger vorhanden ist.

225. Betrachten wir endlich ein System von Rädern an Wellen A, A', A'', die auf einander wirken, wie die Figur (Fig. 84) zeigt. r, r', r'' sollen die respektiven Radien der Wellen R, R', R'' der Räder sein. Das tangential auf der ersten Welle wirkende Seil trägt ein Gewicht P, und das Seil an dem Rade zu dieser Welle wird nicht unmittelbar von einer Kraft gezogen, sondern ist an der Welle des zweiten Rades A' befestigt.

Ebenso zieht an dem Rade dieser Welle ein Seil, welches an der Welle des dritten Rades A'' befestigt ist, und so fort bis zum letzten Rade, an dessen Umfange die Kraft Q wirkt.

Ist das System im Gleichgewicht, so ist jedes Rad mit seiner Welle vermöge der am Rade und an der Welle wirkenden Spannkraft der Seile für sich im Gleichgewicht. Nennt man also X die Spannkraft des Seiles zwischen den beiden ersten Rädern, Y die Spannkraft des Seiles zwischen den beiden folgenden Rädern, so hat man einzeln (186)

$$X : P = r : R$$
$$Y : X = r' : R'$$
$$Q : Y = r'' : R''.$$

Multipliciert man der Reihe nach, so ist

$$Q : P = r r' r'' : R R' R'',$$

d. h. die Kraft verhält sich zur Last, wie das Produkt aus den Radien der Wellen zum Produkt aus den Radien der Räder.

Die gezähnten Räder.

226. Nähert man die im letzten Paragraphen erwähnten Räder einander dergestalt, dass das erste Rad die Welle des zweiten, das zweite die Welle des dritten, u. s. w. berührt, und greift dann jedes Rad in die zugehörige Welle des folgenden Rades so ein, dass es nicht ohne die Welle und umgekehrt sich drehen kann, so kann man die Seile fortlassen, welche alle Räder mit einander verbanden, und behält immer noch dasselbe Verhältnis zwischen Kraft und Last.

Um jedes Rad in die Welle des folgenden eingreifen zu lassen, schneidet man aus ihren Umfängen (Fig. 85) Zähne von gleicher Dicke aus, die in einander fassen, so dass jedes Rad zugleich die folgende Welle mit umtreiben muss. Ein solches Rad nennt man in diesem Falle ein gezähntes Rad, und die Welle ein Getriebe.

Für das Gleichgewicht zweier Kräfte, die mittelst gezähnter Räder auf einander wirken, hat man also den Satz: Die Kraft muss sich zur Last verhalten, wie das Produkt der Radien der Getriebe zu dem Produkte der Radien der gezähnten Räder.

Die Hebewinde.

227. Bei der einfachen Hebewinde (Fig. 86.) betrachtet man ein Getriebe, welches man um seine Axe mittelst einer Kurbel umdrehen kann, das Getriebe greift in eine starre gezähnte Stange so ein, dass seine Rotation die Stange in der Richtung ihrer Länge bewegt. Widersteht also eine Last der Bewegung dieser gezähnten Stange, so kann man diese Last als eine Kraft ansehen, die senkrecht auf den Endpunkt des Radius des Getriebes wirkt, und hat so den Satz: die Kraft an der Kurbel verhält sich zur Last in der Richtung der gezähnten Stange, wie der Radius des Getriebes zum Radius der Kurbel.

Daraus geht hervor, dass je kleiner der Radius des Getriebes im Verhältnis zum Radius der Kurbel ist, desto grösser die Wirkung der Hebewinde ist.

Will man ohne den Hebelarm der Kurbel zu vergrössern und ohne den Radius des Getriebes zu verkleinern die Kraft der Hebewinde vermehren, so lässt man das Getriebe nicht unmittelbar auf die gezähnte Stange wirken, sondern bringt zwischen beide noch ein gezähntes Rad, dessen Getriebe dann in die Stange eingreift. Für den Zustand des Gleichgewichts muss dann die Kraft an der Kurbel sich zur Last in der Richtung der gezähnten Stange verhalten, wie das Produkt aus den Radien der beiden Getriebe zum Produkte des Radius des Rades in den Radius der Kurbel.

Die Schraube ohne Ende.

228. Denkt man sich eine um ihre Axe bewegliche Schraube, deren Gang in die Zähne eines Radius eingreift, welches gegen sie immer dieselbe Lage behält, so hat man damit die sogenannte Schraube ohne Ende. (Fig. 87.)

Ist sie im Gleichgewicht, so muss die an der Kurbel angebrachte Kraft Q sich zur Kraft f, mit welcher der Schraubengang gegen den Radzahn presst, wie die Ganghöhe h der Schraube zum Kreisumfange $2R\pi$ verhalten, wenn R den Radius der Kurbel bezeichnet; man hat also

$$Q : F = h : 2\,R\,\pi.$$

Versetzt nun dieses gezähnte Rad eine Welle, welche dieselbe Axe hat, in Umdrehung, und zieht hierdurch ein am Ende eines Seiles befestigtes Gewicht P in die Höhe, während das Seil um die Welle gewickelt ist, so hat man nach den Bedingungen des Gleichgewichts beim Rad an der Welle, wenn a den Radius der Welle bezeichnet

$$f : P = a : A:$$

Multipliciert man die beiden Proportionen, so wird

$$Q : P = ah : 2\,R\,\pi\,.\,A,$$

d. h. die Kraft verhält sich zur Last, wie das Produkt aus der Ganghöhe der Schraube in den Radius der Welle zum Produkte aus dem Radius des gezahnten Rades in den Umfang des Kreises, den die Kraft beschreibt.

Ueber eine neue Maschine, die man das Knie genannt hat.

229. Diese Maschine besteht ans zwei Stangen oder starren geraden Linien AO und BO (Fig. 88 und 89), die in O durch ein Charnier verbunden sind, in welchem sie sich wie die Zweige eines Cirkels bewegen. Das Ende A der einen Stange ist in einem Charniere an einer anderen starren Stange AC befestigt, so dass AO gleichsam einen Hebel bildet, dessen Unterstützungspunkt der Punkt A ist; das Ende B der zweiten Stange ruht auf der Stange AC, oder vielmehr es wird in einem festen Falze AC gehalten, längs dessen es frei gleiten kann.

Aus der Einrichtung dieser Maschine geht hervor, dass wenn eine Kraft den Arm AO um den Punkt A dreht, und so den Punkt O der festen Axe AC nähert, sich der Winkel bei O öffnen muss, und der Punkt B sich von A entfernt, indem er in dem Falze AC fortgleitet. Bringt man also in B eine gehörige Kraft nach entgegengesetztem Sinne an, so wird sie der Kraft an AO das Gleichgewicht halten, und in dem Verhältnis dieser beiden Kräfte besteht das Gesetz dieser Maschine, welches offenbar von der Theorie des Hebels und der schiefen Ebene abhängt.

Statt die Kraft P unmittelbar am Arme AO anzubringen, lässt man sie gewöhnlich auf einen fest mit ihm verbundenen Griff mn wirken; mittelst dieses Griffes mn wirkt eine Kraft auf das Knie, um in B längs des Falzes den Druck oder Effekt Q zu erhalten, den man erhalten will.

Es mag daher die Kraft P auf den Punkt n senkrecht auf den Abstand An dieses Punktes von A wirken, welches die für diese Kraft günstigste Lage ist, und wir wollen die ganze Figur auf die Geraden OA, OB, AC, An beschränken, welche alle mit den Richtungen der angebrachten Kräfte in derselben Ebene liegen.

Betrachtet man zuerst diese Kraft P, welche den Hebel AO um den Punkt A zu drehen strebt und sucht man, mit welcher Kraft X sie auf den Punkt O, und folglich auch auf den Punkt B in dem Sinne OB wirkt, so geht aus der Theorie des Hebels hervor, dass diese beiden Kräfte P und X sich wie ihre Hebelarme Ah und An verhalten, so dass

$$P : X = Ah : An$$

ist, oder wenn man zur Abkürzung den Arm $An = r$, die Seite $AO = a$ und folglich $Ah = a \sin O$ setzt, wo O den Winkel des Knies bezeichnet

$$P : X = a \sin O : r.$$

Die Kraft X, welche den Punkt B auf die schiefe Ebene AC drückt, verhält sich zur Kraft Q, welche den Punkt B längs dieser Ebene im Gleichgewicht hält, wie der Radius zum cosinus des Neigungswinkels OBA; wird dieser Winkel mit B bezeichnet, so ist

$$X : Q = 1 : \cos B$$

und multipliciert man beide Proportionen Glied für Glied, so ist

$$P : Q = a \sin O : r \cos B.$$

Diese Proportion enthält das gesuchte Gesetz für das Gleichgewicht des Knies.

230. Man könnte die vorige Untersuchung auch auf eine sehr einfache und mehr der allgemeinen Methode (209) entsprechenden Weise führen. Ist das System im Gleichgewicht so muss auch jeder Teil desselben vermöge der auf ihn wirkenden Kräfte und der Gegenwirkungen der übrigen Teile für sich im Gleichgewicht sein. Der Hebel OA muss daher von der Kraft P und der Wirkung X des Punktes B auf den Punkt O, die nur in der Richtung BO stattfinden kann, im Gleichgewicht gehalten werden. Man hat also

$$P : X = a \sin O : r.$$

Ebenso muss auch der Punkt B von der Kraft Q, die längs der Ebene BA auf ihn wirkt, und von der Gegenwirkung des Punktes O, die ihn in der Richtung OB gegen diese Ebene drückt, ein Gleichgewicht gehalten werden, und da diese Gegenwirkung gleich X ist, so folgt aus der Theorie der schiefen Ebene

$$X : Q = 1 : \cos B$$

ist. Multipliciert man beide, so erhält man obige Proportion wieder; aus ihr folgt

$$Q = \frac{P \,.\, r \,.\, \cos B}{a \sin O}$$

als Wert des von der Kraft P bewirkten Effektes Q.

Bemerkung.

231. In dem Masse als der Winkel B kleiner wird, wird der Winkel O des Kniees grösser; der Faktor $\cos B$ in dem obigen Ausdruck von Q wächst also immer mehr gegen die Einheit zu, und der Faktor $\sin O$ nimmt immer mehr gegen Null hin ab, und zwar können sich beide diesen Grenzen beliebig nähern. Da nun Q mit $\cos B$ im geraden, mit sin O im umgekehrten Verhältnis steht, so muss die Kraft Q aus doppeltem Grunde grösser werden, sowie sich die Schenkel des Kniees der geraden Linie nähern, und wird unendlich gross, wenn sie diese Grenze erreichen; sie vermehrt sich also unaufhörlich und übt in der Richtung des Falzes selbst einen Druck aus, der jeden gegebenen Druck übersteigen kann.

Auch ist klar, dass die Kraft um so mehr im Vorteile ist, je kleiner der Schenkel $AO = a$, und je länger der Hebelarm $An = r$ ist. Aus diesem letzteren Grunde wird es immer vorteilhaft sein, bei gleicher Länge des Griffes mn, ihn so nahe als möglich am Drehpunkte des Knies anzubringen.

Wirkt die Kraft P nicht senkrecht auf die Linie An, sondern unter irgend einem beliebigen Winkel in derselben Ebene, so hat man für den Hebelarm r den Abstand dieser Kraft von dem festen Punkte zu nehmen.

Wenn mehrere Kräfte den Hebel AO zu drehen suchten, so müsste man in der obigen Gleichung statt des Momentes Pr, die Summe der Momente aller dieser Kräfte setzen.

Das gleichschenklige Knie.

232. Ist das Dreieck AOB gleichschenklig und also der Winkel $A = B$, so ist der Winkel O das Supplement von $2B$, und folglich hat man $\sin O = 2 \sin B \cos B$. Die obige Proportion für das Gleichgewicht wird also jetzt

$$P : Q = 2a \sin B : r.$$

Will man lieber den Winkel O des Knies in die Proportion einführen, so ist B das Complement von $\frac{O}{2}$, also $\sin B = \cos\frac{O}{2}$, oder wenn man $\frac{O}{2} = \varphi$ setzt, $\sin B = \cos \varphi$; man erhält also dann als einfachen Ausdruck für das Gesetz des Gleichgewichts

$$P : Q = 2a \cos\varphi : r.$$

Statt der sinus oder cosinus kann man auch lauter aus der Construction der Maschine sich ergebende Linien nehmen, denn es ist offenbar $2a \sin B = 2a \cos \varphi$ (Fig. 89) $= 2OJ = 2f$, wo f der sinusversus eines Kreisbogens ist, der durch die drei Punkte A, O, B geht. Will man den Namen **Pfeil** des Knies für die Linie OJ einführen, so lässt sich das Gesetz des Gleichgewichts kurz so aussprechen:

Für den Gleichgewichtszustand eines gleichschenkligen Knies muss sich die Kraft, welche den ersten Schenkel um seinen festen Endpunkt zu drehen strebt, zur Last, die sich dem beweglichen Ende des zweiten Schenkels in der Richtung des Falzes entgegenstellt, verhalten, wie der doppelte Pfeil des Knies zum Hebelarm, an welchem die Kraft wirkt.

233. Wir haben von dem Gewichte der Maschinenteile abgesehen, dieses läst sich jedoch leicht mit in Betracht ziehen. Die Axe oder der Falz AC ist als fest angenommen worden, sein Gewicht G kann also auf die für das Gleichgewicht gefundene Proportion keinen Einfluss haben, sondern vermehrt nur den Druck auf die Unterstützung. Das Gewicht des ersten Schenkels AO, welches wir mit $2p$ bezeichnen wollen, kommt der Wirkung der Kraft zu gut; nimmt man z. B. an, dass die Axe AC vertical, und der Schenkel AO von gleichförmiger Dicke ist, so dass sein Schwerpunkt in die Mitte von AO fällt, so fügt das Gewicht $2p$ zum Momente Pr der Kraft offenbar noch das Moment pf hinzu. Das Gewicht $2p$ des zweiten Schenkels BO, der dem ersten gleich sein und dessen Schwerpunkt gleichfalls in die Mitte von BO fallen soll, kann in zwei gleiche Kräfte p zerlegt werden, von denen die eine in O, die andere in B im entgegengesetzten Sinne von Q wirkt. Die erste Kraft p in einem Abstande f vom festen Punkte vermehrt das Moment der Kraft um das Moment pf, und die zweite in B angebrachte Kraft Q vermindert die Last Q um p.

Aus der Gleichung des Gleichgewichts, welche

$$Pr = Q \,.\, 2f$$

war, wird also unter Berücksichtigung des Gewichts der Maschine

$$Pr + pf + pf = (Q - p) \,.\, 2f$$

oder:

$$Pr = (Q - 2p) \,.\, 2f.$$

Man erfährt daraus, dass das Gewicht der Maschine, in der Lage, welche wir ihr gegeben haben, den Effect Q um eine Grösse $2p$ vermehrt, welche dem halben Gewichte der beiden beweglichen Schenkel des Knies gleich ist.

Von dem Druck auf die Stützpunkte.

234. Den Druck, der auf die feste Axe AC, sowohl von den Kräften als von dem Gewichte der Maschine ausgeübt wird, berechnet man auf folgende Weise.

Erstlich erleidet diese Axe im Punkte B einen Druck von einer senkrechten Kraft V, der Resultante aus X und $(Q - p)$, deren Wert $(Q - p)$ cotg φ ist.

Zweitens erleidet der feste Punkt A einen Druck von dem Gewichte G der Stange AC und von der Resultante aller auf AO wirkenden Kräfte, wenn diese parallel zu sich selbst in den Punkt A transponiert werden. Verlegt man nun erst jede dieser Druckkräfte in zwei andere, von denen die eine in der Axe AC, die andere senkrecht auf sie gerichtet ist, so findet man als Componenten von P die Kräfte P cos W und P sin W, wo W der Neigungswinkel von P gegen AC ist; als Componenten von X findet man die Kräfte $(Q—p)$ und V; für die beiden nach A transponierten Gewichte $2p$ und p endlich die Kraft $3p$ in der Richtung der Axe AC. Der Punkt A wird also nach der Richtung AC einen Druck

$$\alpha = (G + P \cos \omega - Q + 4p)$$

und senkrecht auf die Axe den Druck

$$\beta = (P \sin \omega + (Q - p) \operatorname{cotg} \varphi)$$

auszuhalten haben. Auf diese Weise wird der Totaldruck auf den festen Punkt der Grösse nach durch $\sqrt{\alpha^2 + \beta^2}$ ausgedrückt und unter einem Winkel gegen die Axe AC geneigt sein, dessen Tangente $\frac{\alpha}{\beta}$ ist.

Man weiss also nun, mit welcher Kraft die Axe sowohl in A als in B gehalten werden muss, wenn sie der vereinten Wirkung der auf das Knie wirkenden Kräfte und des Gewichtes der Maschine widerstehen soll.

235. Ich glaubte diese neue Maschine etwas ausführlicher betrachten zu müssen, weil sie mir eine sinnreiche Erfindung zu sein scheint, und ihre Theorie noch nirgends gegeben ist. Sie ist fast gänzlich mit der Schraube von derselben Art, doch ist ihre Construction eine einfachere; man kann sie auf dieselbe Weise wie jene anwenden, um mit einer mittelmässigen Kraft einen sehr bedeutenden Druck hervor zu bringen, oder andere Körper fest an einander zu pressen.

Ueber ein altes Paradox der Statik in Bezug auf die Theorie der Momente.

236. Das Gesetz des Hebels sagt, wie wir oben gesehen haben, und wie man schon sehr lange gewusst hat, dass die Kräfte sich umgekehrt wie ihre Abstände vom Unterstützungspunkte verhalten müssen, oder dass die Momente der Kräfte einander gleich sein müssen.

Man hat nun aber eine besondere, von Roberval angegebene Maschine, die eine Art von Hebel bildet, woran sich zwei gleiche Gewichte das Gleichgewicht halten, obgleich man sie an beliebigen ungleichen Hebelarmen aufhängt. Daraus geht denn für die Theorie der Momente eine Art von

Widerspruch hervor, den man durch eine besondere Zerlegung der Kräfte zu heben gesucht hat, dessen richtige Erklärung man jedoch noch nicht gefunden zu haben scheint. (Man sehe in der Encyclopädie den Artikel levier von d'Alembert).

Man kann nun leicht zeigen, dass dieser Gleichgewichtsfall durchaus nicht dem allgemeinen Gesetzte des Hebels widerspricht, denn die Roberval'sche Maschine ist nicht ein wirklicher Hebel, d. h. ein Körper oder eine Linie, die starr und um einen einzigen festen Punkt beweglich ist, sondern sie ist vielmehr ein System von veränderlicher Form, in welchem zwei feste Punkte vorhanden sind. Es ist daher auch nicht zu verwundern, wenn hier ein ganz anderes Gesetz des Gleichgewichts gilt als bei dem einfachen Hebel. Schon durch die blosse Unterscheidung von einfachen und zusammengesetzten Maschinen, wie wir sie vorher aufgestellt haben, verschwindet der Widerspruch; allein man hatte bisher noch keine genaue Definition einer Maschine und vorzüglich keine klare Vorstellung von den Momenten, Kräften einer besonderen Art, in welche erst die Kräftepaare Klarheit gebracht, und gleichsam in der ganzen Mechanik merkbar hervorgehoben haben. Vermöge unserer Theorie der Kräftepaare, bietet die Roberval'sche Maschine nicht die mindeste Schwierigkeit dar; denn wo zwei feste Punkte in einem System vorhanden sind, da kann es sehr gut möglich sein, dass jedes aus den Kräften entspringende Kräftepaar einzeln durch den Widerstand dieser Punkte vernichtet wird, und dass bei einer solchen Maschine das Verhältnis der Momente ganz willkürlich ist. In der That ist dies hier der Fall, wie wir gleich zeigen werden, und dieser besondere Fall des Gleichgewichts weit davon entfernt einen Widerspruch darzubieten, bestätigt vielmehr aufs neue unsere Principien; ich gehe deshalb dazu über, aus der Theorie der Kräftepaare für ihn einen Beweis zu geben, der deutlich und vielleicht der einzig strenge von allen bisher aufgestellten Beweisen ist.

Die Roberval'sche Wage.

237. Wir denken uns vier Stangen, die zwei und zwei einander gleich und parallel sind und ein Parallelogramm $ABab$ (Fig. 90 und 91) bilden, dessen Seiten um die Winkelpunkte A, B, a, b wie um Charniere beweglich seien; die Mittelpunkte F und f der beiden Seiten AB und ab seien fest. Der grösseren Klarheit wegen wollen wir annehmen, die beiden festen Punkte fielen in dieselbe Verticale Ff. Man erhält auf diese Weise eine Maschine, die aus zwei gleichen und parallelen, mit einander verbundenen Wagebalken besteht, welche in derselben Verticalebene liegen, und deren gegenseitige Bewegungen um die festen Punkte aneinander geknüpft sind, ohne sich irgend wie zu schaden; denn dreht sich AB z. B. um seinen festen Punkt F, so dreht sich zugleich ab um seinen festen Punkt f in demselben Sinne und um dieselbe Winkelgrösse, und das Parallelogramm $ABab$ nimmt alle möglichen Formen an, wobei es seine Winkel ändert, die Länge seiner Seiten aber behält.

Werden nun an einem dieser Hebel, z. B. AB, in beliebigen Punkten desselben oder auch in seiner Verlängerung zwei Kräfte angebracht, die sich im Gleichgewicht halten, so müssen diese sich notwendig umgekehrt wie ihre Entfernungen vom Unterstützungspunkte F verhalten, gerade als wäre der Hebel völlig frei und allein vorhanden; denn dieser Hebel ist wirklich frei, weil der andere ihm nur folgt und gleichsam seine Bewegung wiederholt, ohne sie im mindesten zu verändern. Die Momente um diesen festen Punkt F herum müssen also gleich sein, und darin liegt nichts, was nicht mit der Theorie im Einklang wäre.

Bringt man aber die Kräfte oder Gewichte P und Q nicht an einem der Hebel, sondern das eine P an einer unter rechtem Winkel unveränderlich fest mit der Verbindungsstange Bb der beiden Hebel verbundenen Stange KJ, und das andere Q ebenso an einer Stange GH, die auf gleiche Weise mit Aa verbunden ist, so halten sich die beiden Gewichte P und Q, vorausgesetzt, dass sie gleich sind, immer das Gleichgewicht, wie lang auch die Stangen JK und GH, an denen die Gewichte aufgehängt sind, sein mögen. Dieses eben ist es was wir als eine ganz natürliche Folgerung aus unserer Theorie der Momente ableiten wollen.

Man transponiere die Kraft P parallel zu sich selbst aus J nach K in die Gerade Bb, und man erhält ein Kräftepaar $(P, -P)$, dessen Hebelarm JK ist. Dieses Paar wird aber durch die beiden festen Punkte vernichtet, denn es kann erstens in ein anderes gleichwertiges verwandelt werden, dessen Hebelarm gleich ist dem Abstande mn der beiden Hebel AB und ab, und dann kann, weil der Annahme nach der Arm KJ unveränderlich fest mit Bb verbunden ist, dieses transformierte Paar $(P', -P')$ in seiner Ebene gedreht und genau in die Lage von Bb gebracht werden. In dieser Lage ist die eine Kraft P' gegen den festen Punkt F, die andere $-P'$ gegen den festen Punkt f gerichtet, und das Paar wird vernichtet, wie auch sein Moment $P'.mn$ oder $P.JK$ beschaffen sein mag. Auf dieser Seite der Maschine bleibt also nur die Kraft P, welche in den Punkt K transponiert ist.

Auf gleiche Weise kann die Kraft Q parallel zu sich selbst aus G nach H transponiert, und das dadurch entstehende Paar $(Q, -Q)$, in ein anderes $(Q', -Q')$ verwandelt werden, welches an der Seite Aa wirkt, und gleich dem vorigen durch den Widerstand der beiden festen Punkte vernichtet wird.

Es bleiben also nur die beiden Kräfte P und Q, welche aber jetzt in den Punkten K und H, oder auch in B und A angebracht sind, und zum

Gleichgewichte des Wagebalkens AB notwendig gleich sein müssen. Die einzige Bedingung für das Gleichgewicht der Roberval'schen Wage ist also die Gleichheit der beiden Gewichte, gleichviel, welches anch ihre Abstände von den festen Punkten sein mögen.

Diese Maschine ist gleichsam für die einfachen Kräfte das, was der gewöhnliche Hebel für die Paare oder Momente ist. Zum Gleichgewicht des Hebels können die Kräfte in einem beliebigen Verhältnis stehen, wenn nur die Momente gleich sind; bei der Roberval'schen Wage dagegen müssen die Kräfte gleich sein, und das Verhältnis der Momente ist willkürlich.

238. Uebrigens ist diese Maschine nur ein besonderer Fall eines allgemeineren Satzes. Statt der beiden Wagebalken AB und ab kann man zwei gleiche und parallele Hebel betrachten, deren Unterstützungspunkte F und f nicht mehr in der Mitte ihrer Längen liegen, sondern diese Längen nur in einem beliebigen, bei beiden aber in demselben Verhältnis teilen. Die Kräfte P und Q brauchen auch nicht an den Stangen JK und GH parallel zu sein, sondern können eine beliebige Richtung in derselben Ebene haben. Man beweist dann ganz auf dieselbe Weise, dass wenn die beiden Kräfte P und Q parallel zu sich selbst auf die Endpunkte B und A eines der beiden Hebel der Maschine transponiert werden, die beiden daraus entspringenden Paare einzeln von den festen Punkten vernichtet werden, dass also zum Gleichgewicht nur die eine Bedingung erfüllt zu sein braucht, dass die beiden Kräfte in einem constanten Verhältnis zu einander stehen, welches nicht von ihren Abständen vom Punkte F, sondern nur von den Abständen dieses Punktes von zwei durch die Endpunkte des Hebels gezogenen Parallelen zu den Kräften abhängt. Sind also die Kräfte einmal an der Maschine im Gleichgewicht, so kann man sie parallel mit sich selbst transponieren, wohin man will, ohne das Gleichgewicht zu stören. Sie wirken stets auf dieselbe Weise aufeinander, nur die Grösse der vernichteten Paare, und also der Druck, welchen die festen Punkte in der Richtung der beiden Hebel nach entgegengesetztem Sinne erleiden, ändert sich.

Sind z. B. P und Q parallel, so erleidet der Punkt F, ausser dem vertikalen Druck $(P+Q)$ wie beim gewöhnlichen Hebel, noch einen Druck $(P' - Q')$ in der Richtung des Hebels welcher gleich,

$$\frac{P . KJ}{mn} - \frac{Q . GH}{mn}$$

ist, und der andere Punkt f einen gleichen und parallelen Druck nach entgegengesetztem Sinne, so dass man auf der Verbindungsaxe Ff der Punkte F und f ein Paar erhält, dessen Moment gleich

$$P . KJ - Q . GH$$

also gleich der Differenz der Momente der angebrachten Kräfte ist, welches die Maschine umzustürzen bestrebt ist.

239. Zu bemerken ist ferner, dass es bei dem vorigen Beweise nicht nötig ist, die Stangen KJ und GH rechtwinklig auf Aa und Bb und in der Mitte dieser Linien anzunehmen; sie können unter beliebigen Winkeln, und wo man will, angebracht sein, nur müssen sie unveränderlich fest mit diesen Seiten verbunden sein.

240. Ferner könnte man statt der beiden Hebel AB und ab zwei gleiche und parallele Räder mit Wellen nehmen, deren beide Axen in F und f projiciert sein mögen. Wenn die entsprechenden Radien der beiden Räder und der beiden Wellen durch die parallelen Stangen Bb und Aa verbunden sind, welche in den Charnieren B, b, A, a beweglich sind, so hat man eine der Roberval'schen Wage ganz ähnliche Maschine, bei der die beiden Gewichte P und Q, wenn sie einmal im Gleichgewicht sind, auch immer im Gleichgewicht bleiben, in welchen Entfernungen man sie auch an den Armen KJ und GH aufhängen mag.

241. Denkt man sich endlich, die festen Axen dieser beiden Räder als Axen zweier gleichen Schrauben, und denkt man sich, dass eine Kraft P auf die Muttern wirke, so wird die Wirkung dieser Kraft zur Fortbewegung der Schraube sich nicht ändern, wie lang auch der Arm KJ, an welchem sie wirkt, sein mag, und sie bleibt stets dieselbe, als wenn die Kraft ganz einfach in paralleler Richtung im Punkte B wirke.

242. Wir könnten jetzt noch andere Maschinen behandeln; da sie aber nichts Neues darbieten, was in die Elemente aufgenommen zu werden verdiente, so mögen die bisherigen Anwendungen genügen. Der Hauptzweck der beiden letzten Capitel war, die Grundsätze, die wir in den beiden vorhergehenden Capiteln aufstellten und entwickelten, durch einige sehr einfache Beispiele zu bestätigen. Dabei glaubten wir auch den Weg angeben zu müssen, den man zur Auffindung der Bedingungen des Gleichgewichts für jede beliebige Maschine einzuschlagen hat; nach dem was in No. 209 etc. gesagt ist, kann dies nie Schwierigkeiten darbieten, am wenigsten aber, wenn man nur zwei auf die Maschine wirkenden Kräfte in Betracht zieht.